**1次準備
1週菜
天天速上桌**

正確保鮮！
預調理
美味家常菜

暢銷修訂版

學會對的冷凍、解凍技巧，
留住營養，食材更好吃

超級美味

冷凍
frozen

解凍
thawing

烹調
cooking

３步驟
充分運用食材
鎖住營養，留住美味！

想做出美味可口的料理，又希望不浪費食材、不留剩菜？即使是下廚經驗豐富的人，這些事也不容易做到。我自己就經常不小心買太多食材，結果總是放到過期或吃不完。

因此如何「保存」食材就變得非常重要。無論是常溫靜置、冷藏、冷凍、乾燥、鹽漬、糖漬等，食材的保存方法可說是多不勝數。其中，以低溫「冷凍」的方式保存食材，不僅可延長食材的保鮮期，不需浪費過多的鹽或糖，也不用擔心食材加熱或乾燥後會變得乾巴巴

的。此外，冷凍保存也比常溫保存更能防止食材的營養素流失。

可惜的是，儘管冷凍保存有這麼多好處，許多人還是有「冷凍過的就是不好吃」、「總覺得吃起來有股怪味」等等既定印象，但事實並非如此。

食材自冰箱冷凍室取出後，從解凍到烹調，整個過程其實只要稍有疏失，就很容易讓食材變質。若是曾吃過這種冷凍後變質的食物，自然會對冷凍後變質的印象不佳。

但事實上，只要稍微運用一點技巧，就能避免食材

在冷凍過程中「缺水」或「氧化」，也能有效抑制解凍時產生的「酵素作用」，並避免「過度加熱」的情況。換句話說，懂得正確的食材保存、解凍與烹調方式，就能讓食材隨時保持最佳風味，吃到滿滿的營養！

現在，不妨跟著本書一起來學會這些技巧，活用冷凍、解凍保鮮術，讓食材充分被運用，做出一道道美味佳餚！

鈴木徹

Part 1 冷凍與解凍的基本概念

本書使用方式　冷凍、解凍、烹調3步驟，充分運用食材，鎖住營養，留住美味！……2

序文……8

知識篇

Q 食物在冷凍前、後有什麼差異？……10

準備篇

Q 什麼食材適合冷凍？……12

Q 什麼是殺菁（blanching）？……14

Q 如何常保魚、肉類的鮮度？……16

保存篇

Q 食材也會凍燒（凍傷）？……18

Q 食材冷凍後依舊美味的關鍵是？……20

Q 如何避免冷凍過程中食材的水分流失？……22

真空包裝冷凍法……23

無縫冷凍法……24

冰漬冷凍法……25

解凍篇

Q 解凍方法百百種，怎麼做才正確？……26

冰水解凍……28　冷藏解凍……29　流水解凍……30　直接烹調……31

食材冷凍＆解凍Q&A……32

Column 1　冷凍保鮮的超好用小物……34

Part 2 令人驚艷的美味！ 預調理食譜 肉類篇

35

肉類調味冷凍要訣 … 36

雞肉的預調理食譜 … 38
生薑醬油漬雞腿肉
鮮蔬雞腿捲／酥嫩炸雞塊 … 38
香草醃雞胸肉
番茄燉雞胸肉／清爽沙拉雞肉 … 40

豬肉的預調理食譜 … 42
味噌優格醬醃豬里肌
味噌優格醬醃豬排／炸豬排 … 42
中式醬醃豬肉絲
高麗菜豬肉炒麵／豆芽韭菜豬肉湯 … 44

牛肉的預調理食譜 … 46
奶油醃牛排肉
煎牛排／和風山葵牛排丼 … 46
香料醃肉絲
香料牛肉炒蘆筍／番茄馬鈴薯燉肉 … 48

絞肉的預調理食譜 … 50
雞絞肉棒
雞肉丸冬粉湯／微波雞肉丸 … 50
番茄綜合絞肉
漢堡排／茄子秋葵乾咖哩 … 52

肉類冷凍祕訣 … 54

食材冷凍技巧 … 56
雞腿肉／雞胸肉　雞里肌／雞翅 … 56、57
豬肉薄片／豬肉絲　炸豬排・豬排肉 … 58、59
牛肉片／牛肉塊　牛排肉　絞肉 … 60、61、62

Column 2 加工肉品的冷凍技巧 … 63

Part 3 舌尖上的絕妙鮮味！ 預調理食譜 海鮮篇

65

海鮮調味冷凍要訣 … 66

全魚的預調理食譜 68

地中海風青醬竹莢魚／香烤竹莢魚
義式水煮魚／香烤竹莢魚…68
芝麻味酥漬沙丁魚
香烤沙丁魚／酥炸沙丁魚丸…70

切片魚的預調理食譜 72

蒜漬旗魚
義大利香醋煎旗魚排／旗魚沙拉…72
柚子醋醬醃鮭魚
香鮭柚庵燒／鮮菇蒸鮭魚…74

海鮮的預調理食譜 76

咖哩美乃滋醃花枝
花枝椰奶咖哩湯／奶油咖哩醬炒花枝…76
蘿蔔泥漬牡蠣
牡蠣雪見鍋／牡蠣炊飯…78

海鮮冷凍祕訣 80

食材冷凍技巧 82

全魚…82　切片魚…83　鰹魚…84
鮭魚…85　鯛魚…85　鰤魚…86　花枝…87
蝦／章魚…88　蛤蜊／蜆…89
牡蠣／干貝…90

Column 3　海鮮加工食品的冷凍技巧 91

Part 4

新手也能一看就懂！
預調理食譜
豆類・乳製品・
雞蛋調味冷凍要訣

豆類・豆製品・乳製品・雞蛋篇 93

豆類・豆製品・乳製品 94

豆類的預調理食譜 96

油漬鷹嘴豆
綜合辛香料沙拉／鷹嘴豆番茄湯…96

豆製品的預調理食譜 98

甜漬油豆腐皮
豆皮壽司／豆皮烏龍麵…98

乳製品的預調理食譜 100

優格漬坦都里翅小腿
坦都里烤雞／雞翅湯咖哩…100

Part 5 預調理食譜 蔬菜篇
吃出美味又不浪費！

102 雞蛋的預調理食譜
　味噌漬蛋黃
　蛋黃拌飯／味噌雞肉餅……102

104 豆類・豆製品・乳製品・雞蛋冷凍祕訣

106 食材冷凍技巧
　赤小豆／黃豆……106　大紅豆／鷹嘴豆……107
　油豆腐皮／蔬菜豆腐包……108　豆渣／納豆……109
　牛奶／起司・奶油……110　鮮奶油／優格……111
　蛋……112

114 Column 4　冷凍雞蛋的調理技巧

115 Part 5 預調理食譜 蔬菜篇

116 蔬菜調味冷凍要訣

118 蔬菜的預調理食譜
　蔬菜番茄泥
　茄汁高麗菜捲／香濃茄汁義大利麵……118

120 檸檬橄欖甜漬彩椒
　義式薄切冷盤／彩椒起司沙拉……120

122 鹽漬什錦蔬菜
　煙燻鮭魚冷麵／香煎雞腿佐鹽漬蔬菜……122

124 麵味露漬雙蔬
　涼拌雙蔬／青蔬牛肉捲……124

126 蔬菜冷凍祕訣

128 食材冷凍技巧
　高麗菜／小松菜……128　白菜／菠菜……129　韭菜／萵苣……130
　綠蘆筍／洋蔥……131　番茄・小番茄……132
　小黃瓜／南瓜……133　櫛瓜／苦瓜……134
　秋葵／玉米……135　茄子／青椒・甜椒……136
　綠花椰菜／白花椰菜……137　紅蘿蔔／蕪菁・白蘿蔔……138
　牛蒡／蓮藕……139　毛豆／四季豆・扁豆……140
　蠶豆／青豆……141　馬鈴薯／地瓜……142
　山藥／芋頭……143　大蒜／薑……144
　長蔥・青蔥／紫蘇・茗荷・巴西里……145
　菇類……146

147 Column 5　水果的冷凍技巧

148 Column 6　可以冷凍保存的還有這些！各種食品的冷凍技巧

156 Column 7　冷凍室類型與收納技巧

158 索引

本書使用方式

◆ 本書 Part2～5 將依序介紹不同食材的冷凍、解凍法和食譜。食譜均以方便、能快速完成的料理為主，分量約為兩人份。半成品冷凍食材包的分量則為方便保存的量。
◆ 單位換算：1 杯＝ 200ml、1 大匙＝ 15ml、1 小匙＝ 5ml。
◆「少許」為 1/6 小匙左右的量。「少量」為以大拇指、食指及中指所捏出的一小撮的量，液體則依實際狀況適度添加即可。「適量」：以標準量杯或量匙再斟酌增減；「酌量」：依個人口味調整。
◆ 微波爐的功率以 600W 為基準，若為 500W，加熱時間請增加為 1.2 倍。
◆ 請使用乾淨的容器分裝食材，並盡早食用完畢。

Part 1

食材冷凍和解凍的基本技巧全公開！

從冷凍、解凍的基本概念打好基礎，
讓你搖身一變為冷凍保存達人。

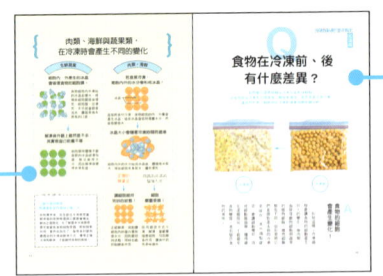

不用思考、一看就懂的清楚圖解！

破解有關冷凍與解凍的所有疑惑！

Part 2～5

4 大類食材的冷凍・解凍法及預調理食譜

肉類、海鮮、豆製品、乳製品、蛋、蔬菜、水果……
各種預調理冷凍食譜和食材冷凍、解凍方式，完整介紹！

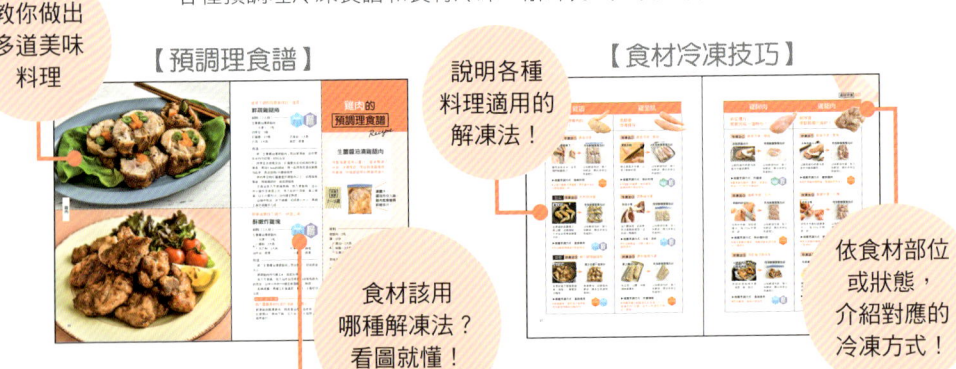

教你做出多道美味料理

【預調理食譜】

說明各種料理適用的解凍法！

【食材冷凍技巧】

食材該用哪種解凍法？看圖就懂！

依食材部位或狀態，介紹對應的冷凍方式！

8

Part 1

冷凍與解凍的
基本概念

了解食材在冷凍過程中的細胞變化，
就能以正確的方式冷凍保存。
用對解凍方式，更能讓料理的美味大升級！

冷凍與解凍的基本概念
知識篇

Q 食物在冷凍前、後有什麼差異？

我們都知道食物藉由冷凍可延長保鮮期，
但也常因為冷凍而出現凍傷、變味等情況。這究竟是怎麼回事？
讓我們先來了解食物在冷凍前後會有哪些變化吧！

冷凍後　　　　　　　　冷凍前

A 食物的細胞會產生變化！

你知道嗎？冷凍過程會讓食物的細胞產生巨大的變化。像肉類、海鮮等動物細胞與蔬果的植物細胞，雖然細胞類型不同，但如果將它們直接放進冰箱的冷凍室保存，其共通點就是：會讓細胞變形、造成細胞膜損壞。懂得避免這種情況，才能避免食物變質，進而留住食物的美味！

肉類、海鮮與蔬果類，在冷凍時會產生不同的變化

生鮮蔬果

細胞內、外產生的冰晶會破壞食物的細胞膜。

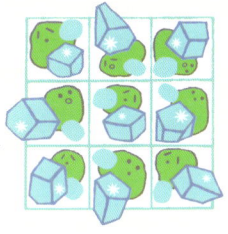

食物細胞內外凍結的冰晶若變大，將導致細胞膜逐漸壞死。細胞膜一旦壞死，水分就會跟著流失，讓蔬果喪失原有的口感。

↓

解凍後外觀上雖然差不多，其實裡面已乾癟不堪……

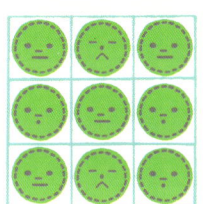

細胞膜被體積不斷膨脹的冰晶破壞殆盡，無法維持水分，因此解凍後變得非常乾澀。

肉類・海鮮

若直接冷凍，細胞內外的水分會形成冰晶！

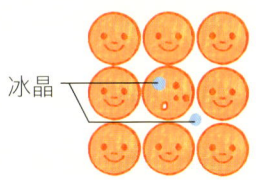

冰晶

直接將食材冷凍，食物細胞的內、外層會產生冰晶，這些冰晶會吸附周圍水分，然後愈變愈大。

↓

冰晶大小會隨著冷凍時間而遞增

細胞內外的水分結成冰晶後，體積愈來愈大，導致細胞本身脫水，繼而壞死。

正確的解凍法	錯誤的冷凍與解凍方式
讓細胞維持完好的狀態！	細胞嚴重受損！

正確解凍，就能讓細胞內的蛋白質恢復水分，回到最初的狀態，同時也能抑制酵素作用。	採用錯誤方式冷凍、解凍，會嚴重損害細胞、引起酵素作用，讓食材的色香味盡失。

---

memo

了解冷凍的原理，是讓食物保持美味的第一步！

食物買來後，若全部往冷凍庫裡塞，解凍後的食物味道與口感都會變差。解決之道就是：先了解基本冷凍原理，盡可能避免食物細胞受損、抑制酵素作用。當然也別忘了，每種食材都有最適合的冷凍與解凍方式，懂得正確冷凍和解凍，才能維持食物的美味！

冷凍與解凍的基本概念
準備篇

Q 什麼食材適合冷凍？

我們都希望食材在解凍後仍能保有最原始的風味。
那麼在此之前，就要先知道哪些食材適合冷凍，
現在就從食材的挑選技巧著手吧！

當季蔬菜

現切肉品

新鮮漁獲

 挑選新鮮、品質良好的當季食材就對了！

「新鮮度」是食材解凍後能否維持美味的關鍵。食材夠新鮮，生吃就很美味，即使經過冷凍，滋味依然不變。

相反地，快超過保存期限、已不新鮮的食材，就算拿去冷凍也不會因此變好吃。因此冷凍的美味關鍵，就在於選擇最新鮮的當季食材。另外，買回來的食材也都要記得盡快冷凍喔！

12

新鮮美味的當季食材
最適合冷凍保存！

趁食材新鮮時冷凍起來

正值產季的新鮮食材

盡量選購當季盛產、新鮮多汁的蔬果或海鮮、生鮮肉品就對了！

用對方法冷凍保存

針對不同食材採用最適合的冷凍法，趁新鮮趕快冷凍。

解凍處理後一樣吃得到食材的新鮮與美味！

將不新鮮的食材冷凍

逼近保存期限的食材

限時搶購的即期品或冰箱裡感覺已經過期的食物。

在食物不新鮮的狀態下直接拿去冷凍

沒時間好好處理又怕浪費食物，連包裝都原封不動就急著塞進冷凍庫。

雖不至於吃壞肚子，味道卻不太 OK……

---

memo

先初步將食材切成適當大小與分量，再分裝保存。

放入冷凍前，盡量先把食材分裝成日後方便調理的大小，這點很重要。食材未經處理整個放入冷凍庫，不但難以局部解凍來用，也可能造成無謂的浪費。

冷凍與解凍的基本概念
準備篇

 什麼是殺菁（blanching）？

進行冷凍保存時經常聽到「殺菁」一詞，
這是將食物美味冷凍不可或缺的一道技巧，
現在就一起來了解它的原理和步驟吧！

2 冰水冷卻

1 汆燙 10～30秒

3 充分濾除水分

A 殺菁能抑制蔬菜的酵素活性

蔬菜冷凍後口感與色澤盡失的原因，就在於蔬菜所含的酵素。冷凍與解凍時，酵素會讓蔬菜組織產生變化。然而，僅僅將蔬菜放進-18℃的冷凍庫內，還是無法讓酵素停止作用。這時就需要「殺菁」的程序。事前完成汆燙、蒸煮或油炒等步驟再冷凍起來，就能讓食材的口感、色澤與營養完整保留。

14

讓蔬菜失色、風味盡失的 酵素 作用，就用殺菁來解決吧！

稍微汆燙再冷凍

殺菁後再冷凍

將菠菜等蔬菜先汆燙 10～30 秒、以冰水冷卻、瀝乾水分後，切成適口大小冷凍保存。

↓

抑制酵素活性

藉由上述殺菁步驟讓酵素停止作用，就能徹底保留蔬菜的風味、外觀與營養素。

↓

蔬菜的色澤、美味與營養全吃到！

直接冷凍

未經處理直接冷凍的蔬菜

將菠菜等蔬菜切成小塊，直接放入保鮮袋冷凍。

↓

酵素開始作用

酵素於冷凍或解凍過程仍會緩緩持續作用，讓蔬果外觀發黑、破壞原有口感。

↓

營養成分、色澤、美味都大打折扣！

---

memo

抗壞血酸（維生素C）含量（％）

100 ─── 經殺菁（汆燙）的花椰菜 冷凍保存，營養一樣完整

50 ─── 未經任何處理的花椰菜 直接放冷凍，營養成分銳減

保存時間　1個月　2個月　3個月

蔬菜直接冷凍與殺菁後冷凍，營養含量變化比較圖

將花椰菜直接拿去冷凍，維生素C含量會大幅降低，另一方面，經汆燙再冷凍的花椰菜，維生素C含量幾乎沒有減少。殺菁正是維持蔬菜美味和營養價值的訣竅。

資料來源：取自《新版 食品冷凍技術》（社團法人 日本冷凍空調學會，2009）；P135〈殺菁與貯藏時間對冷凍花椰菜抗壞血酸保持率之影響〉（山中博之等，1977）

冷凍與解凍的基本概念
準備篇

 如何常保魚、肉類鮮度？

海鮮和肉品最常用的保存方式就是冷凍，
但卻也常讓這些食材落得從冷凍庫直接進垃圾桶的下場……
如何正確冷凍又不失食材的風味？趁現在趕快學起來，就不怕浪費食物囉！

2 擠出多餘空氣、盡量鋪平保鮮袋

1 以調味料先醃入味

A 先調味再冷凍，就能避免食物凍燒與脫水

「調味冷凍」是指將食材預先醃漬入味，再放入冷凍保存。這種作法尤其適合海鮮和肉類食材。直接將食材放入冷凍，食物細胞內外的水分會結成冰晶，讓細胞受到損壞、食材風味全失。因此先調理再冷凍，就能抑制細胞內外的水分結冰，還能降低酵素活性，讓食物變質的可能性降至最低。

16

調味料能防止食物細胞損壞，還能預防食材在冷凍時乾燥、缺水！

先調味再冷凍
調味冷凍法

將料理用的魚、肉類事先醃漬入味，裝入保鮮袋冷凍保存。

↓

減少冰晶形成，防止食物乾燥、延緩氧化

調味料能鎖住水分子。

— 水分子

調味料成分

避免食材損壞、防止乾燥！

生食直接冷凍
未經處理直接冷凍

生鮮肉品或海鮮，連同包裝原封不動丟入冷凍。

↓

附著在細胞周圍的冰晶增大，食材乾燥缺水、加速氧化

食物細胞

海鮮、肉類細胞周圍的水分形成大顆冰晶，讓食物細胞壞死。

冰晶

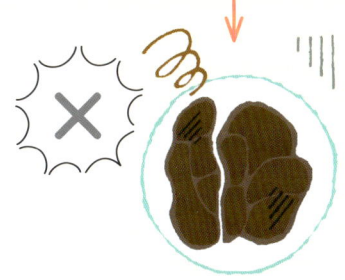

食材劣化變質！

---

memo

蔬菜也可以先調味再冷凍

除了魚、肉類食材，高麗菜、白菜、小黃瓜和白蘿蔔等蔬菜也很適合先醃漬再冷凍。無論揉鹽或醃漬入味再冷凍，都能讓生鮮蔬菜更添美味。

冷凍與解凍的基本概念

保存篇

Q 食材也會凍燒（凍傷）？

都拿去冷凍了，怎麼過沒多久食物表面就覆上一層霜、顏色發黑，甚至變得乾巴巴的⋯⋯。
先來了解冷凍的大敵「凍燒」對食物會造成的影響吧！

結霜

乾燥、脂肪氧化讓食材變質

A 冷凍庫開開關關讓溫度上升，導致食材氧化

冰箱若經常開開關關，食材會因冷凍庫內溫度上升而使水分流失，這些蒸發的水分遇冷便形成附在食物表面的一層「霜」，容易加速食物所含的蛋白質與脂質氧化而導致變質，造成所謂的「凍燒」。要避免結霜與凍燒，就要設法讓食物隔絕空氣，或用保鮮膜完整包覆以避免接觸空氣。

18

水分流失、冷凍庫溫度過高，是導致食材氧化、風味流失的主因！

結霜

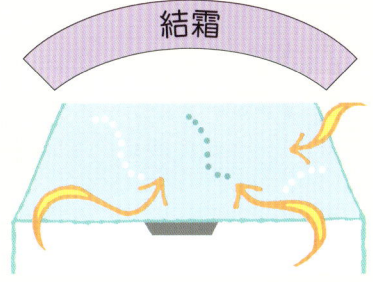

經常開開關關，讓外面熱空氣進入冰箱。

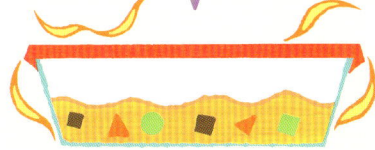

食材受熱導致水分蒸發。

蒸發的水分附著於容器內側。

冰箱關上後，冷凍庫溫度再度下降。

容器內的水滴直接結成霜，食物不再美味多汁！

凍燒

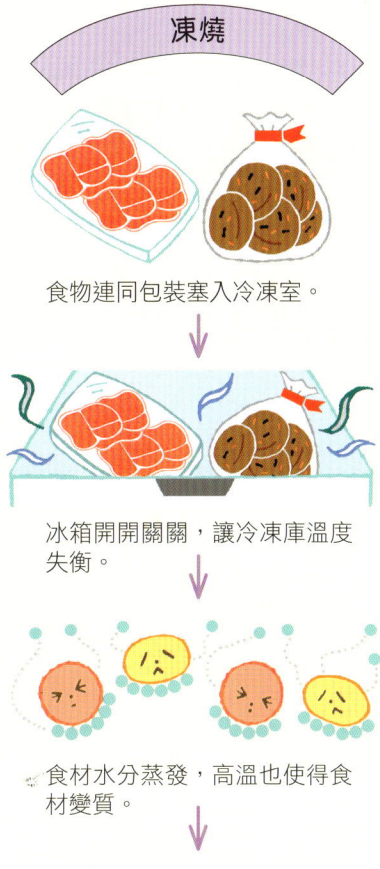

食物連同包裝塞入冷凍室。

冰箱開開關關，讓冷凍庫溫度失衡。

食材水分蒸發，高溫也使得食材變質。

食物水分流失，進而導致氧化、變質。

食物變色、劣化、異味通通來！

冷凍與解凍的基本概念 保存篇

Q 食材冷凍後依舊美味的關鍵是？

為什麼都照書上寫的放入冷凍了還是不好吃呢？
你也有這樣的困擾嗎？
除了預先做好調味，也別錯過以下這些不可不知的冷凍訣竅！

預防脫水　避免溫度變化　隔絕空氣

A 冰出食材美味的兩大訣竅

要讓食材保持美味，關鍵就在阻絕空氣並維持冷凍庫的適當溫度。在濕度固定的情況下反覆開關冰箱，會讓冷凍庫溫度上升，導致食材水分流失、品質變差。因此要用保鮮膜牢牢包緊食材、以專用保鮮袋密封保存好，也要減少打開冷凍庫的次數與時間。掌握這兩大重點，就能讓冷凍食材照樣美味可口。

20

{ 掌握 隔絕空氣 與 控溫 兩大要訣，就能防止食材變得乾癟又難吃！ }

維持冷凍庫溫度

縮短開冰箱的時間

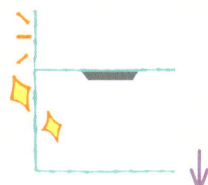

妥善收納分類，就能減少翻找冰箱的次數。

↓

直立收納

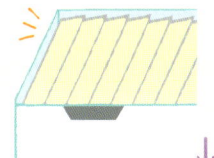

食材採直立擺放，要找要拿都很方便。

↓

善用保冷袋

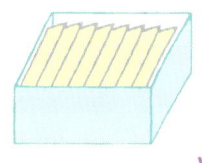

想進一步避免溫度變化，建議可再使用保冷袋。

↓

有效控制溫度變化！

避免食材接觸空氣

用保鮮膜牢牢阻絕空氣

用保鮮膜緊密包覆，然後放入保鮮袋並擠出空氣再冷凍。

↓

油水密合

以保鮮膜隔絕空氣，能讓食材的油脂與水分緊密結合。

↓

水分能牢牢鎖住油脂

脂肪在受水分保護的狀態下不易乾燥或氧化，也不易變質。

↓

不易氧化、還能保有新鮮色澤！

---

memo

如何控制
冰箱開關次數

①清楚了解冰箱內食物的擺放位置
冰箱收納盡量一目了然，自然能減少開冰箱的時間。
②標註內容物與日期
註明食材名稱並記錄日期，日後要找時就會輕鬆許多。

冷凍與解凍的基本概念 保存篇

Q 如何避免冷凍過程中食材的水分流失？

本書 P18 已稍微提過，要留住食材美味，最重要的就是隔絕空氣。
避免接觸空氣、使食物水分流失的作法又有哪些呢？
以下就為各位介紹 3 大技巧。

排出空氣！

避免接觸空氣！

防止食材表面變乾燥！

A 做好密封步驟，有效隔絕空氣

要讓存放於冷凍庫內的食材維持濕潤，避免接觸空氣是關鍵。當食物暴露於乾燥空氣中，就會喪失水分、引起缺水與氧化問題。以下 3 種方法能有效阻絕食材與空氣的接觸：真空包裝冷凍法、無縫冷凍法及冰漬冷凍法。請務必依食材與料理方式選用適合的冷凍法。這 3 種冷凍方法都能讓料理的美味再升級。

延長保鮮的祕訣——真空包裝冷凍法

避免乾燥＆隔絕空氣

1 盡量不要讓空氣跑進去！

用保鮮膜緊密包覆，阻絕空氣！

盡量將食材攤平，再包上保鮮膜。食材間若出現凹凸空隙，空氣就會殘留在內，所以請將保鮮膜貼合食材、緊密包好，避免接觸空氣。如果手邊沒有保鮮袋，用保鮮膜緊緊捆三層也OK。

↓

2 用吸管吸出空氣！

放入保鮮袋，擠出多餘空氣

確實以保鮮膜封好食材後，就可以放入保鮮袋。要注意的是，保鮮膜與保鮮袋之間仍留有空隙，所以必須將空氣排出。這時在保鮮袋上端插入一根吸管，一口氣把空氣吸出來，就完成真空包裝了。

↓

3 務必馬上封口！

請將封口密合避免空氣漏入

已用吸管抽出空氣完成真空包裝，但若無法盡速將封口封住而讓空氣跑進去，就功虧一簣了。訣竅就在：一口氣吸光袋內空氣、取出吸管的同時，快速將保鮮袋開口封好。

---

memo

基於衛生考量，建議少用吸管

若已確定沒有多餘空氣，直接將食材放入保鮮袋也可以，這樣就不需要特別用吸管。因為用吸管吸出空氣的同時，也有可能把食材僅有的水分一併吸出。因此以手將多餘空氣擠壓出還是比較理想的作法。

延長保鮮的祕訣──無縫冷凍法

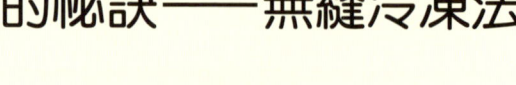
用保鮮膜減少多餘間隙！

盡量裝滿一點！

盡量裝好裝滿

使用保鮮盒冷凍時，食物與蓋子的「間隙」也不能大意。辛香料或液體請盡量裝滿整個容器再蓋上蓋子。

↓

若仍留有空隙
就在食物表面覆上保鮮膜隔開

如果保鮮盒的內容物只剩一半，食物與盒蓋間就會多出一個空間，會讓空氣趁隙而入，這時覆蓋上一層保鮮膜，並盡量貼緊食物即可。

↓

蔥蒜類辛香料不妨事先在盒內鋪好保鮮膜，層層包覆

辛香料等食材每次的使用量並不多，每次用完都要再蓋上一層保鮮膜有點費事。所以建議可先在盒內鋪上保鮮膜，再裝入食材，每次用完就可以直接包起來，省時又省力。

---

memo

連同容器或包裝
直接冷凍絕對不可！

不先拆掉包裝，就直接把食物放入冷凍室是絕對不行的。因為包裝內仍殘留著空氣，會讓食物中的水分蒸發，造成凍燒。切記用保鮮膜牢牢封好食物，再進行冷凍保存。

延長保鮮的祕訣——冰漬冷凍法

讓食材在水中結冰，避免接觸空氣！

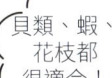
貝類、蝦、花枝都很適合！

海鮮類不妨直接泡水冰漬

帶殼的蛤蜊、蜆仔、牡蠣等貝類，或蝦子、花枝等海鮮食材，可以直接置於水中冷凍保存。與剛好蓋過食材的水量一起冷凍，就能讓食材與水同時結冰，由外到內防止水分流失。

水量要夠！

將食材放入保鮮盒再加水

依食物的分量與大小，選用適合的冷凍保鮮盒。將食物分裝好後，就可以直接在盒中倒滿水。盡量不要讓食材露出水面，用水完整蓋過食材是關鍵。

蓋子要蓋好！

蓋上盒蓋，直接冷凍保存

加完水就可以蓋緊盒蓋，放入冷凍庫保存了。請盡量平放，避免盒子傾斜而使食材露出水面。

---

memo

勿將食物直接放托盤就冷凍！

若先用其他容器或保鮮袋裝好再擺上托盤也 OK。但直接把食物放在盤中，再用保鮮膜連托盤一起包住就不建議！這麼做一樣會讓托盤與保鮮膜之間充滿空氣，而這就是導致食材變乾燥的原因。

冷凍與解凍的基本概念
解凍篇

Q 解凍方法百百種，怎麼做才正確？

學會留住美味的冷凍法後，接下來我們要把重點放在如何「解凍」。
有不少人其實對冷凍方式相當熟悉，卻忽略了正確解凍的重要性。
解凍步驟錯誤，可能就會白白糟蹋原本保存完好的食材，所以不可大意！

冰水解凍

不解凍直接下鍋

冷藏解凍

A 依食材解凍後的吃法，來決定用哪種解凍方式

你是否曾有過將冷凍的食材從冷凍庫拿出來，準備大展廚藝時，卻面臨不知如何退冰的窘境，只好將食材拿去微波加熱或放在室溫下解凍的失敗經驗呢？解凍是讓冷凍食材美味可口的重要關鍵，而最理想的方式是：先決定好怎麼吃，再依料理方式選出最適合的解凍法。

26

務必掌握解凍兩大重點──
避開危險溫度帶 & 選擇最適合的料理方式

縮短危險溫度帶

「最大冰晶生成帶」介於 -5℃～-1℃ 之間，此溫度帶生成的冰晶容易造成細胞損壞。10～40℃ 的「常溫帶」則容易提高酵素活性，使食物變質。這兩個溫度區間被稱為「危險溫度帶」。解凍時盡量避開、縮短停留在這些溫度的時間，是聰明解凍的不二法門。

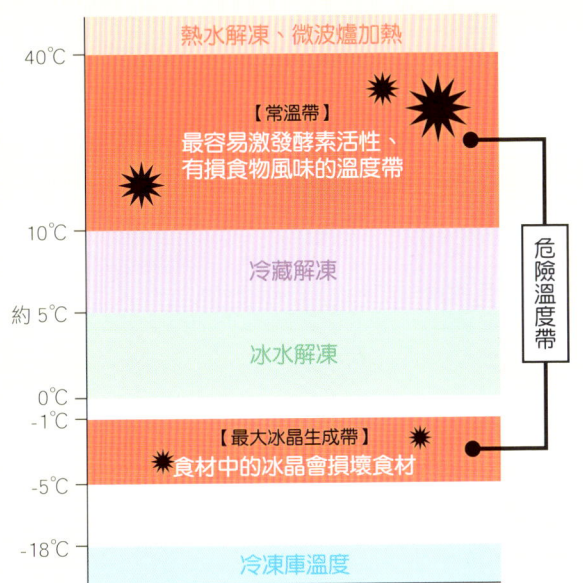

想怎麼吃就怎麼解凍

魚、肉類等熟食	海鮮、水果等生食	湯品、燉煮	退冰同時加熱、已完成調理步驟的食材
冰水解凍 & 冷藏解凍	冰水解凍	不需解凍，直接料理	熱水解凍 & 微波爐加熱

---

memo

哪些食材適合流水解凍？　　殺菁處理過的蔬菜、經加熱烹調或事先調味過的食材都適用於流水解凍法。改用常溫解凍也 OK。

比冷藏解凍更快的 冰水解凍

將冷凍食材連同保鮮袋直接放入整碗冰水中的解凍法。此作法比放在冷藏庫退冰更快！

哪些食材&料理適合冰水解凍法？

肉類、海鮮等準備用於拌炒、煎烤的食材，以及準備生食的生魚片、水果等。

加熱烹調 × 冷凍肉品&海鮮

用於熱炒的肉類或海鮮，最適合冰水解凍，既能退冰，又能維持新鮮度。

直接生吃 × 魚片&部分水果

直接以冷凍方式保存的生魚片或某些水果，很適合用冰水解凍。冰水解凍比冷藏解凍法更能有效縮短食物處於「危險溫度帶」的時間，讓食材常保新鮮。若要改用冷藏解凍當然也 OK。

讓食材更好吃的解凍術！冰水解凍的訣竅

POINT 1 將食材完整浸入水中

取一個開口較大的碗裝入冰水，並將裝有食材的保鮮袋置入水中，盡量讓冰水完全覆蓋食材。若無法完全覆蓋，可用碗盤將食材壓入水中。

POINT 2 冰塊約放一個掌心的量即可。搭配保冷劑，效果更好。

浸泡食材用的冰水，冰塊的用量不需太多，約一個掌心的分量就行。若搭配保冷劑效果會更好。

POINT 3 稍微翻動，解凍更快！

把冷凍的肉類或海鮮放入碗內以冰水解凍時，不妨拿雙筷子稍微翻動，能加快解凍速度。

POINT 4 冰漬的冷凍食材也能放入冰水解凍

以結冰方式保存的海鮮，從容器取出後可直接用冰水解凍。但要注意雙貝殼類解凍後，殼較難打開，建議直接下鍋加熱。

一定要學會的 冷藏解凍

只要把食材放到冷藏室即可！盛裝食材的容器若不適用冰水解凍，就用冷藏解凍吧！

哪些食材&料理適合冷藏解凍？

適合想讓解凍過程省時、省力的人，或無法泡入冰水的食材。

無法浸入冰水的食材

用保鮮盒或鋁箔杯保存的食材，因為無法直接以冰水解凍，因此適用冷藏解凍法。

麵包、糕點等柔軟、易變形的食物

像麵包、蛋糕這類不耐擠壓、易變形的食物，就適合用冷藏解凍法。若是密封包裝，也可採用冰水解凍；若是加熱過的，則可以用流水解凍。

讓食材更好吃的解凍術！冷藏解凍的訣竅

POINT 1 解凍時間也要考量進去

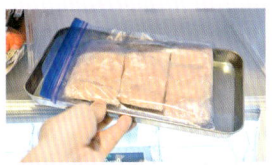

不需用到水的冷藏解凍較為耗時，所以得先計算好所需時間再解凍。

POINT 2 納豆、起司等建議用冷藏解凍

納豆、起司、麵筋、餃子、春捲皮等加工食品適合用冷藏解凍。如果是已密封包裝食品，則用冰水或流水解凍皆可。

POINT 3 冰箱的蔬果室不能拿來解凍！

由於一般冰箱的蔬果室溫度都偏高（約介於 3～8℃），而且解凍會花上一段時間，容易造成食物變質，因此要盡量避免。

---

memo

哪些食材適合自然解凍？

冷藏解凍是一般家庭很常見的解凍法，但也有些食材放冷藏退冰反而容易壞，例如麵包粉、麻糬等。這時不妨改放至常溫下自然解凍吧！

流水解凍

比想像中還要迅速的

適用於加熱過的醬汁、汆燙過的蔬菜等較不易受解凍影響而變質的食材。若時間不多也推薦使用流水解凍法。

哪些食材 & 料理適合流水解凍？

經汆燙或揉鹽調理過的蔬菜都適合使用流水解凍。事先調味好的肉類也 OK。

已汆燙或加熱烹煮過的食材

例如已預先燙 10～30 秒、過冰水，再瀝乾水分後冷凍保存（即事先汆燙）的蔬菜。

經揉鹽處理等已入味的食材

蔬菜經撒鹽抓揉或醃漬處理能有效抑制酵素活性，因此適用流水解凍。

讓食材更好吃的解凍術！流水解凍的訣竅

POINT 1　建議用於不易受解凍影響的食材

番茄醬汁或奶油白醬等經烹煮過的食材，具耐解凍、不易變質的特性，適於流水解凍。

POINT 2　生食切勿用流水解凍！

自來水溫度偏高，容易使食物劣化，所以生魚片等食材要避免流水解凍。其他未經調味的生鮮食材，也請盡量採冰水解凍。

POINT 3　比冷藏解凍還要省時

無須擔心新鮮度或口感的食材可用流水解凍，會比冷藏退冰省時，若趕時間不妨試試。

---

memo

不使用流動的水，用碗裡靜止的水也能解凍嗎？

把冷凍食材放入盛滿水的碗中雖然也能解凍，但水沒有流動就難以從食材導出溫度，解凍更費時。如果想省時省力，還是建議使用流水解凍法。

直接烹調

輕鬆又省時的大絕招！

從冷凍庫直接取出，不經解凍直接烹煮也一樣美味的懶人解凍術。

哪些食材&料理可以不解凍直接煮？

像咖哩等需燉煮的菜色或湯品、牛排這類熱呼呼的料理，不解凍直接下鍋也能輕鬆完成。

適於煲湯、燉煮、燜烤或蒸煮的料理

待湯滾再下料，或是加蓋燜烤烹調都適合此種作法，蒸煮也OK。

番茄、洋蔥等食材可不解凍直接切丁磨碎

番茄和洋蔥不需另外解凍就可以直接處理，方便又快速。

讓食材更好吃的解凍術！不解凍的訣竅

POINT 1　汆燙過的蔬菜可直接放入熱水

取一碗水煮至沸騰、熄火。將預先汆燙過的蔬菜連袋整個置入水中即可（建議選用耐熱度較高的保鮮袋）。

POINT 2　煮滾後食材直接下鍋

咖哩、熱湯、燉煮料理等，都可以趁煮滾時直接丟進冷凍食材。但記得分批放，避免湯頭冷卻。

POINT 3　蓋上蓋子即可開始燜烤

煎牛排或快炒用的肉品、海鮮類食材，都可以不用解凍直接放入平底鍋。蓋上蓋子就能同時進行解凍與烹調，煎或烤都OK。

---

memo

懶人解凍法也能用在微波爐或小烤箱嗎？

有些冷凍食材可以用微波爐或小烤箱同時解凍&烹調，省時又不費力。例如吐司就能直接從冷凍庫放進烤箱烘烤。

一次弄懂！
食材冷凍&解凍 Q&A

Q 為了加速冷凍，所以將食材放在金屬托盤，再放入保鮮袋冷凍保存，這樣做正確嗎？

A. 急速冷凍其實和托盤的材質無關，只有當食材的厚度夠薄、平鋪於托盤上才有可能達到快速冷凍。需留意這種方式容易讓食材碎裂，而且需要再放進保鮮袋中保存。一般家庭要實行這種冷凍法並不容易，還會讓食材接觸到空氣，引起氧化、水分流失和「凍傷」等問題。

Q 將買來的菠菜放進冰箱冷凍，解凍後拌炒時，外表卻發黑，為什麼？

A. 一般來說，像是番茄、菇類等蔬菜都可以直接放入冰箱冷凍，但還是建議都先經過「殺菁」處理較好。尤其像菠菜這類含有葉綠素成分的綠色蔬菜，即使原本呈現翠綠色，但會因酵素作用而發黑，所以在冷凍、解凍的過程中，菠菜會變色。

Q 因為做沙拉時會用到番茄，便將番茄先整顆冷凍起來，請問該如何解凍呢？

A. 番茄雖然可直接冷凍，但解凍後其實細胞會受損，造成番茄出水、口感變得軟爛。因此，冷凍番茄適合用在燉煮料理或湯品，但加進沙拉就不是那麼合適了。若要使用冷凍番茄，可以試試將其弄成泥、做成番茄淋醬使用。

Q 把整條未去肚的魚（例如竹筴魚）拿去冷凍，會影響味道嗎？

A. 這種情況建議使用「冰漬冷凍」即可。若擔心魚太大條占空間，不妨事先將魚處理好並做好調味，再用保鮮膜包好、裝進保鮮袋冷凍保存。但小的竹筴魚還是建議用冰漬冷凍保存較好！

Q 如果手邊沒有保鮮袋，是否有其他的替代用品？

A. 保鮮袋的特點就在於它的密封性佳且不易透氣，所以如果先用保鮮膜仔細將食材包好再裝進保鮮袋，就能有效延長食材的保鮮期。若真的沒有保鮮袋或夾鏈袋，不妨將食材用三層保鮮膜緊緊包好，以隔絕食材與空氣接觸的機會。

Q 蒟蒻和豆腐聽說也能冷凍，但冷凍過後口感會變差嗎？

A. 大家可能聽過「蒟蒻、豆腐也能冷凍，只是口感會與原本的稍有不同」的說法，但事實上這兩種食材一經冷凍，口感就會變得軟爛。因此經解凍後無法恢復原有口感的食物，都不建議冷凍。其他像是水分與纖維含量多的菇類、蕨菜，或魚板、寒天、生海膽等，也不建議冷凍。

Q 沒時間慢慢解凍肉品，想改以微波爐解凍的話，有什麼需要注意的嗎？

A. 許多人會因為急著解凍於是使用微波爐，但冷凍肉品其實並不適合以微波爐解凍。不妨改用比冷藏解凍更快的冰水解凍法，即使稍微半解凍也可以進行烹調。或者，也可直接用於不需解凍過程的燉煮、熱炒料理中。

Q 凍過的馬鈴薯經常變得鬆脆、乾澀。若要做像是馬鈴薯沙拉、咖哩或馬鈴薯燉肉等，哪些料理適合冷凍呢？

A. 新鮮馬鈴薯若直接放入冰箱冷凍，解凍後通常會變得乾巴巴的。所以請務必先汆燙殺菁，或事先調味後再冷凍。蒸熟後搗碎的馬鈴薯，因食物纖維已被破壞，放入冷凍室就不用擔心風味流失。因此馬鈴薯沙拉會比咖哩或馬鈴薯燉肉更適合以冷凍方式保鮮。

Q 聽說水果冷凍後甜度會增加，哪些水果適合冷凍呢？

A. 冷凍其實並不會讓水果變甜，反而容易造成凍傷，解凍後更會影響口感。柿子或藍莓等糖分高的水果，或許適合直接冷凍，但若是草莓、奇異果等，建議先撒砂糖，或浸泡糖漿後，再冷凍起來會比較好吃。

Q 想盡快將生魚退冰，有什麼好方法嗎？流水解凍適合嗎？

A. 從超市買回來的冷凍魚切片，最適合的還是冰水解凍法。流水解凍雖然較快速，但水溫其實比想像中來得高，容易大幅降低食材的鮮度。如果不方便以冰水解凍，改以冷藏解凍也行。

Column 1

必備用品！
冷凍保鮮的超好用小物

冷凍前，請準備好以下 3 樣物品。
只要有保鮮膜、保鮮袋 & 保鮮盒以及吸管，
就能讓食材更美味可口！

1 保鮮膜

微波加熱或食物保鮮時的必備用品！以保鮮膜緊緊包好食材、防止食材接觸到空氣，是冷凍保鮮的訣竅。手邊如果沒有保鮮袋，不妨改以保鮮膜代替，並多捆 3 層加強包覆，會有同樣的密封效果。

2 冷凍專用保鮮袋 & 保鮮盒

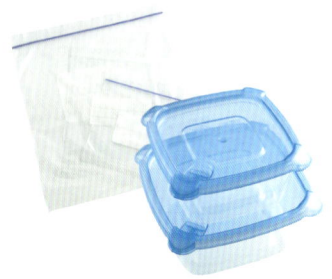

冷凍用的「保鮮袋」&「保鮮盒」，最大的特點就在於密封性佳且不易透氣。先用保鮮膜包好食材再放入保鮮袋，壓出多餘空氣後再封緊袋口。有些水分較多、不易用保鮮袋包起來的食物，就可以用保鮮盒來保存，非常方便。

3 吸管

想將袋中空氣抽出做成真空保存袋時，「吸管」就派上用場了。將食材以保鮮膜包好、裝入保鮮袋後，在保鮮袋上端插入吸管，一口氣吸出袋內空氣，同時封好袋口，能大幅延長食材保鮮期的真空包裝就完成了！

memo

鋁箔杯、製冰器、鋁箔紙等，也是相當方便的廚房小幫手

能分裝食材、要用多少拿多少的小容器也是很好用的小物。例如：日式便當中裝小菜用的迷你鋁箔杯，也能用於冷凍保鮮。此外像醬汁、湯、牛奶等液體，可以使用製冰器盛裝後冷凍。鋁箔紙則可以拿來包覆麵包，而且從冷凍室取出後不需退冰，可直接放進烤箱烤，輕鬆又省時！

Part 2

令人驚艷的美味！
預調理食譜
肉類篇

你是否總是覺得冷凍過的肉，吃起來又乾又柴？
其實，只要做好事先調味再冷凍，然後搭配正確的解凍技巧，
就能輕鬆做出柔嫩多汁的肉類料理！

肉類 調味冷凍 要訣

這裡要介紹的是將肉品「先調味、後冷凍」的各種技巧。
基本概念是相同的，但作法仍會依照肉的種類不同而微調。

雞肉（整塊）・肉排 的調味冷凍法

STEP1 把肉裝入保鮮袋，加入調味料
將整塊雞肉放入保鮮袋後加入調味料。

STEP2 壓揉食材使其均勻入味，擠出多餘空氣，將袋口封好
仔細抓醃，讓調味料滲入食材，再由下往上壓出空氣，封口。

食材為肉排時

將調味料均勻塗抹於食材表面，幫助入味
例如以味噌醃漬時，可用抹刀將味噌塗勻於肉片表面。

肉絲・雞肉塊 的調味冷凍法

STEP1 用保鮮袋分裝好食材，加入調味料
將食材平均分裝至保鮮袋後加入調味料。

STEP2 均勻抓醃，讓食材充分入味
將整袋調味後的食材揉勻，盡量將袋子壓平後再冷凍。

食材為雞肉塊時

同樣需充分抓醃
若有添加香草油調味，連香草葉也要充分抓揉均勻。

絞肉 的調味冷凍法

STEP1 將調味料與絞肉均勻混合
調味時，可先裝在碗裡拌勻入味。

STEP2 再將已調味的絞肉裝入保鮮袋壓平、封口
上述步驟完成後，將絞肉裝入保鮮袋，鋪平密封。

可運用保鮮膜塑形

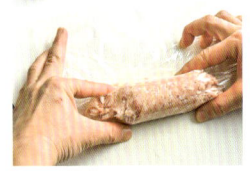

用保鮮膜就能輕鬆捲出棒狀絞肉
直接於絞肉中取出一小部分就能塑形，相當方便。建議做成扁平的長條狀。

肉類 解凍・烹調 要訣

將肉醃漬、冷凍後,接下來要介紹的就是解凍和烹調技巧。
不同的料理與食材,會有不同的解凍方式,請多加留意。

直接烹調

燉煮類的料理不需解凍

燉煮類料理或湯品,均可直接放入未解凍的食材進行烹調。先將材料下鍋,再把冷凍肉分塊放入鍋中,然後加水。接著只要蓋上鍋蓋加熱即可。待其稍微解凍,再放入其他配料便大功告成。

等水煮滾,直接放入食材包

想做沙拉用的水煮雞肉時,可將裝有雞肉食材的保鮮袋直接放入滾水加熱。

煎烤、拌炒前記得先蓋上鍋蓋

調味處理好的肉片從冷凍室取出後,可直接放入平底鍋,然後開火、蓋上鍋蓋解凍。接著便可開始撥炒至完成。牛排肉也是相同作法。

流水・冷藏解凍

煎烤、拌炒、油炸等加熱烹調法

將事先入味的肉放入平底鍋煎炒,或裹上麵衣油炸等需高溫烹調的料理,都適合使用流水解凍或冷藏解凍。未經調味的生肉,為防止變質,建議使用冰水解凍,但若是已先調味處理的肉品,就無需特地用冰水。

製作絞肉肉餅時

絞肉比較容易變質,建議使用流水解凍。若時間較充裕,也可放冷藏室解凍。

油炸時

將已裹粉的肉排下鍋,倒油後再開火,可避免燒焦。

裹粉時

建議先以流水解凍後,再將味噌醃漬過的肉排裹粉。

雞肉的預調理食譜 Recipe

生薑醬油漬雞腿肉

將整塊雞腿肉以薑汁、醬油醃漬入味後，冷凍保存。用在鮮蔬雞腿捲、炸雞塊、照燒雞腿等料理都很適合。

冷凍保鮮 2～3週

讓薑汁、醬油充分入味，雞肉就會變得鮮嫩多汁！

材料
雞腿肉…2塊
鹽…少許
A ┌ 醬油…2大匙
　├ 味醂…2大匙
　└ 生薑汁…4小匙

調味冷凍步驟
1　用叉子於雞皮表面戳幾下、撒上鹽，分別裝入保鮮袋。
2　分別倒入1/2量的A調味。
3　裝好後壓平，並擠出袋中空氣，再將袋口封好，放入冰箱冷凍。

適用的解凍法　(P30)　(P29)　(P31)

直接下鍋煎就是美味的一道菜！
鮮蔬雞腿捲

材料（2人份）
生薑醬油漬雞腿肉（冷凍）…1塊
四季豆…3條
紅蘿蔔…1/3條
白酒…1大匙
芝麻油…1小匙
萵苣…適量

作法
1　將「生薑醬油漬雞腿肉」取出解凍後，從中間對半均勻切開，材料洗淨。
2　四季豆去頭尾及筋，紅蘿蔔去皮切成與四季豆等長、厚度0.5cm的細絲，再一起用耐高溫保鮮膜包起來，微波加熱1分鐘後備用。
3　將四季豆和紅蘿蔔置於雞腿肉之上，從兩端捲緊後，用線繩綁好，做成雞腿捲。
4　芝麻油倒入平底鍋熱鍋，放入雞腿捲，並以中火翻煎至表面上色，倒入些許白酒後，蓋上鍋蓋，以小火燜煎15～20分鐘至熟透。
5　自鍋中取出、拆下線繩，切成適口大小，再鋪上萵苣盛盤即完成。

解凍後裹粉下鍋炸，快速上桌！
酥嫩炸雞塊

材料（2人份）
生薑醬油漬雞腿肉（冷凍）…1塊
A ┌ 麵粉…2大匙
　└ 太白粉…2大匙
油炸油…適量
紅葉萵苣・檸檬・小番茄…適量

作法
1　將「生薑醬油漬雞腿肉」取出解凍，切成適當大小。
2　將雞腿肉均勻裹上A，蔬菜洗淨。
3　放入平底鍋，倒入油炸油至略微蓋過每塊雞肉的高度。以中火炸約7分鐘至表面酥脆、熟透。
4　起鍋盛盤，再擺上紅葉萵苣、檸檬、小番茄即完成。

> **料理小訣竅**
> **倒入蓋過食材的油炸油後，再開火**
> 解凍後的醃漬雞肉，用高溫油炸容易炸焦，因此建議以「雞肉下鍋、注入油、開火加熱」的順序進行。

38

雞肉

雞肉的預調理食譜 Recipe

香草醃雞胸肉

容易乾柴的雞胸肉，不妨先以香草與橄欖油混合入味後冷凍備用。無論煎、炒、燉都能保持Q彈軟嫩！

冷凍保鮮 2～3週

雞肉和香氣清爽宜人的香草是絕配！

材料
雞胸肉…2片
鹽…1小匙
胡椒…少許
鼠尾草・百里香・奧勒岡葉等香草，
　視個人喜好切碎末備用…共約1大匙
橄欖油…2大匙

調味冷凍步驟
1　將雞胸肉切小塊，撒上鹽與胡椒，再依原先分量一片一袋分別放入保鮮袋中。
2　分別加入1/2量的香草末與橄欖油，稍微抓揉均勻。
3　裝好後壓平一邊擠出袋中空氣，再將袋口封好，放入冷凍保存即可。

適用的解凍法　(P30)　(P29)　(P31)

不需解凍、輕鬆入菜！
番茄燉雞胸肉

材料（2人份）
香草醃雞胸肉（冷凍）…1塊
番茄…2顆（約300g）
櫛瓜…1條

作法
1　蔬菜洗淨。番茄去蒂切塊。櫛瓜切片，厚度約1.5cm。
2　與「香草醃雞胸肉」一起放入調理鍋中，蓋上鍋蓋，以中火燜煮約7分鐘。待雞肉解凍後拌煮均勻，再燜5分鐘即完成。

> **料理小訣竅**
> **燉煮類料理只要大方放入冷凍食材！**
> 需要時間慢熬的燜煮料理，食材不用解凍，直接放進去煮也OK！這樣也能徹底入味！

連保鮮袋一起泡熱水即完成的料理！
清爽沙拉雞肉

材料（2人份）
香草醃雞胸肉（冷凍）…1塊
綠葉萵苣・生菜嫩葉（Baby leaf）等，
　依個人喜好備用…適量
番茄切片（半月形）…適量

作法
1　蔬菜洗淨。「香草醃雞胸肉」解凍備用。
2　取一鍋水，煮滾後移開火源。將解凍的「香草醃雞胸肉」連同外袋於水中靜置約30分鐘至冷卻。
3　起鍋，與綠葉萵苣、嫩葉、番茄片一起裝盤即完成。

> **料理小訣竅**
> **不解凍直接下鍋煮也很美味！**
> 直接從冷凍庫取出烹調，也能做出好吃的沙拉雞肉。可於步驟2多加點水煮沸，雞肉泡軟時間可抓1小時。

雞肉

豬肉的 預調理食譜
Recipe

味噌優格醬醃里肌

將優格與味噌混合，於豬里肌表面抹勻後冷凍，就能趁冷凍的同時醃漬入味，讓肉質滑嫩好吃。

冷凍保鮮 2～3週

風味醇厚的味噌超級開胃！

材料
豬里肌（炸豬排用）…4片
A ┌ 味噌…2大匙
  │ 無糖優格…1大匙
  │ 薑泥…1小匙
  └ 蜂蜜…1小匙

調味冷凍步驟
1 豬肉去筋，兩片裝成一袋。
2 將A混合均勻，分別加入兩袋里肌肉中。
3 一邊將調味料抹勻，同時讓保鮮袋收至平整、擠出多餘空氣後封好，放入冷凍。

適用的解凍法 (P30) (P29)

先塗再煎更可口！
味噌優格醬醃豬排

材料（2人份）
味噌優格醬醃里肌（冷凍）…2片
沙拉油…2小匙
紫蘇葉‧醋嫩薑芽…適量
味噌…適量

作法
1 「味噌優格醬醃里肌」解凍後抹上味噌。
2 取平底鍋以沙拉油熱鍋，放入肉片，兩面各用中火煎3分鐘至熟透。
3 起鍋，佐紫蘇葉、醋嫩薑芽裝盤即完成。

料理小訣竅
味噌易煎焦，要先解凍再料理
味噌容易燒焦，切勿未經解凍就直接下鍋油煎，耗時又容易焦。正確作法應為解凍後，抹上一層味噌再放下去煎，這樣會更好吃。

裹上麵包粉，半煎半炸即可！
炸豬排

材料（2人份）
味噌優格醬醃里肌（冷凍）…2片
麵包粉…適量
沙拉油…適量
高麗菜絲‧檸檬片…適量

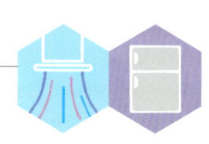

作法
1 將「味噌優格醬醃里肌」解凍，裹上麵包粉後輕壓使其完整沾附。
2 放入平底鍋中，沙拉油加至肉片1/3高度。以微弱中火半煎炸約3分鐘，上色後翻面，繼續半煎半炸2～3分鐘至全熟。
3 將豬排切塊盛盤，放上高麗菜絲、擺上檸檬片就完成。

料理小訣竅
已用味噌優格入味，所以麵衣只需要用到麵包粉！
炸豬排外層麵衣通常會用麵粉、蛋、麵包粉製成，但此處已先以味噌優格醃漬處理，所以只要用麵包粉便能輕鬆解決！

42

豬肉

豬肉的預調理食譜 Recipe

中式醬醃豬肉絲

加入大量長蔥，再以蠔油、紹興酒入味的肉絲，能廣泛運用在快炒、湯品等料理中。

冷凍保鮮 2～3週

長蔥配上蠔油，風味絕佳！

材料
- 豬肉絲…400g
- A
  - 長蔥（切末）…1/4枝
  - 芝麻油…1大匙
  - 紹興酒…1大匙
  - 醬油…1大匙
  - 味醂…1大匙
  - 蠔油…2小匙

調味冷凍步驟
1. 將豬肉絲均分兩份，分別裝入保鮮袋。
2. 將A均勻混合，分別加入兩袋豬肉絲後揉捏入味。
3. 盡量鋪平保鮮袋、擠出多餘空氣後封好，放入冷凍保存。

適用的解凍法　(P30)　(P29)　(P31)

不加醬汁也超好吃！
高麗菜豬肉炒麵

材料（2人份）
- 中式醬醃豬肉絲（冷凍）…1袋
- 高麗菜…100g
- 炒麵用麵條…2球
- 鹽・胡椒…少許
- A
  - 雞粉（顆粒）…1/2小匙
  - 水…4大匙

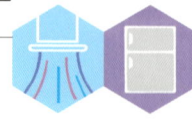

作法
1. 取出「中式醬醃豬肉絲」解凍。
2. 高麗菜切小片備用。
3. 將豬肉絲放入平底鍋以中火撥炒。炒熟後加入高麗菜稍微翻炒，再放入麵條與A，蓋上鍋蓋燜約2分鐘。
4. 拌炒均勻，最後以鹽和胡椒調味即可。

> **料理小訣竅**
> **食材若未解凍，建議多燜一下再炒**
> 若直接用未解凍食材，請延長步驟3蒸煮的時間至5分鐘左右，並開至中火，途中可添2～3大匙的水，隨後再進行拌炒。

不用解凍直接下湯！
豆芽韭菜豬肉湯

材料（2人份）
- 中式醬醃豬肉絲（冷凍）…1袋
- 豆芽菜…50g
- 韭菜…20g
- A
  - 雞粉（顆粒）…1小匙
  - 水…500ml

作法
1. 豆芽去頭尾，韭菜切段備用。
2. 將A下鍋加熱，放入未解凍的「中式醬醃豬肉絲」，開中火撥炒，再加入豆芽菜、韭菜段煮約2分鐘即完成。

> **料理小訣竅**
> **不用預先解凍，直接放入湯裡超輕鬆！**
> 直接將食材從冷凍庫取出，放入煮滾的湯裡烹調就OK！食材也已先醃入味，所以不用另外調味就能上桌。

豬肉

牛肉的預調理食譜 Recipe

奶油醃牛排肉

將奶油與橄欖油混合，均勻塗抹在牛排上調味冷凍，肉質就會變得香嫩多汁。

冷凍保鮮 2～3週

軟嫩可口又多汁！

材料

牛排肉…4片（1片200g）
鹽…1/2小匙
胡椒…少許
奶油…20g
橄欖油…1大匙

調味冷凍步驟

1　牛排撒上胡椒與鹽，一袋一片分別裝進保鮮袋。

2　取一耐熱碗放入奶油，微波加熱30秒，待奶油稍融後加入橄欖油混合均勻，再平均加入四袋牛排中。

3　充分搓揉入味後，鋪平保鮮袋、壓出多餘空氣後封好開口，放入冷凍。

適用的解凍法　(P30)　(P29)　(P31)

煎牛排

從冷凍庫拿出來直接煎就超美味！

材料（2人份）

奶油醃牛排肉（冷凍）…2片
A ┌ 蒜泥…1小匙
　├ 紅酒…2大匙
　├ 醬油…2大匙
　└ 味醂…1大匙
水芹…適量

作法

1　將冷凍「奶油醃牛排肉」放入平底鍋，蓋上鍋蓋中火煎約2～3分鐘。略微上色後翻面，不需加蓋，再煎3分鐘左右，即可盛盤。

2　把A倒入鍋中與剩餘肉汁拌煮，稍待煮滾後關火，淋到牛排上。最後以洗淨的水芹裝飾擺盤。

料理小訣竅

冷凍牛排也能輕鬆煎得鮮嫩美味！
最初先蓋鍋蓋燜煎，就不需事前解凍。解凍、烹調一次完成。

和風山葵牛排丼

日式丼飯好吃到一口氣吃光光！

材料（2人份）

奶油醃牛排肉（冷凍）…2片
A ┌ 醬油…2大匙　　茗荷…2個
　├ 味醂…2大匙　　紫蘇…4片
　└ 山葵…1小匙　　蘿蔔苗…20g
鴨兒芹…20g　　　　白飯…2碗分量

作法

1　蔬菜洗淨。蘿蔔苗和鴨兒芹切碎，茗荷、紫蘇切絲備用。

2　將冷凍「奶油醃牛排肉」放入平底鍋，蓋上鍋蓋中火煎約2～3分鐘。表面上色後翻面，不須加蓋，再煎約3分鐘，煎好後切成適當大小。

3　把A加進鍋中與剩餘肉汁一起煮，稍待煮滾後關火。

4　盛飯，擺上煎好的牛排肉與蔬菜，再淋上醬汁就大功告成！

46

牛肉

牛肉的預調理食譜

Recipe

香料醃肉絲

將孜然、大蒜融合橄欖油，與肉絲醃漬入味後冷凍保存。不用預先解凍就能用在熱炒或燉煮料理。

冷凍保鮮 2〜3週

讓人一吃就上癮的孜然香

材料
牛肉絲…400g

A ┌ 鹽…2/3小匙
　├ 胡椒…少許
　├ 孜然（或咖哩粉）…1小匙
　├ 蒜泥…1小匙
　└ 橄欖油…1大匙

調味冷凍步驟
1　將牛肉絲分裝成兩袋。
2　分別加入混合均勻的A，使其入味。
3　壓平保鮮袋同時擠出多餘空氣，封好開口放入冷凍保存。

適用的解凍法　(P30)　(P29)　(P31)

和蔬菜一起炒就能簡單完成！
香料牛肉炒蘆筍

材料（2人份）
香料醃肉絲（冷凍）…1袋
洋蔥…半顆
綠蘆筍…3枝

作法
1　取「香料醃肉絲」解凍。
2　洋蔥逆紋切薄片，寬度約0.5〜0.7cm。蘆筍去除粗纖維後斜切。
3　取一平底鍋熱鍋，放入已解凍的肉絲，以中火撥炒至表面上色。
4　依序放入洋蔥和蘆筍拌炒後即完成。

> **料理小訣竅**
> **食材不解凍，熱炒時直接下鍋！**
> 冷凍食材也能直接下鍋，只要在步驟3蓋上鍋蓋小火蒸煮約5分鐘，待解凍後拌炒即可。

中東風燉煮料理也能簡單上手！
番茄馬鈴薯燉肉

材料（2人份）
香料醃肉絲（冷凍）…1袋
馬鈴薯…1顆
秋葵…6條
洋蔥…半顆
番茄…2顆
鹽‧胡椒…少許

作法
1　洋蔥對半切，再順紋切薄片。馬鈴薯去皮、切塊，厚度約2cm。秋葵洗淨、去蒂切3等分。番茄洗淨、去蒂切塊備用。
2　依序將洋蔥、馬鈴薯、冷凍「香料醃肉絲」、番茄、秋葵放入鍋內，蓋上鍋蓋中火燜煮8分鐘。
3　接著稍微拌勻，蓋上鍋蓋繼續燜3分鐘。最後再依口味加入鹽、胡椒調整提味即可。

48

牛肉

絞肉的預調理食譜

Recipe

雞絞肉棒

想用冷凍食材製作絞肉丸，不妨先將食材做成棒狀冷凍保存，會比直接以肉丸狀冷凍更能鎖住美味。

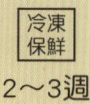

冷凍保鮮 2～3週

記得先半解凍再切小塊烹調！

材料
雞絞肉…400g
　長蔥（切末）…10cm
A　薑泥…1小匙
　芝麻油…1大匙
　酒…1大匙
淡口醬油…1小匙
鹽…1/2小匙
胡椒…少許
太白粉…2大匙

調味冷凍步驟
1　將絞肉裝碗，用手抓拌均勻，再加入A繼續攪拌揉勻。
2　均分成4等分，鋪在攤平的保鮮膜上，捲成棒狀後以糖果包裝法兩端捲緊包好。
3　裝入保鮮袋，擠出空氣後冷凍保存。

適用的解凍法　(P30)　(P29)

光滑咕溜的雞肉丸就是好吃！
雞肉丸冬粉湯

材料（2人份）
雞絞肉棒（冷凍）…2根
青江菜…1把
冬粉…30g
香菇…3朵
鹽…1/3小匙
胡椒…少許
A　雞粉（顆粒）…1小匙
　　水…500ml

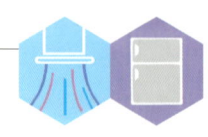

作法
1　青江菜洗淨、切段，冬粉熱水泡開。香菇洗淨、去蒂後切成薄片。
2　「雞絞肉棒」半退冰至可用刀切斷的硬度，再切成一口大小。
3　取鍋加熱A，再加入肉丸、香菇，開中火煮約3分鐘，最後再加入青江菜及冬粉煮熟後，用鹽和胡椒調味就完成。

料理小訣竅
雞肉丸不用特別搓圓，切好直接下鍋即可！
半解凍後切成適當大小就是可以下鍋煮的雞肉丸！也可以省下塑形的時間。

切好放好，拿去微波一下就搞定！
微波雞肉丸

材料（2人份）
雞絞肉棒（冷凍）…2根
白菜…200g
豆苗…1/2株
柚子醋醬油…適量

作法
1　蔬菜洗淨。白菜切段，長寬約抓4×1.5cm。豆苗去根，對半切。稍微水洗備用。
2　「雞絞肉棒」半退冰至可用刀切斷的硬度，再切成一口大小。
3　將蔬菜與肉丸置於耐微波容器內，以耐高溫保鮮膜輕輕包覆，微波加熱10分鐘。
4　最後淋上柚子醋醬油就完成了。

料理小訣竅
保鮮膜稍微包覆食材即可
微波加熱不需要用保鮮膜包緊緊。為了讓蒸氣散出，將保鮮膜輕輕蓋上就可以了。

絞肉

絞肉的預調理食譜
Recipe

番茄綜合絞肉

只要把洋蔥末、番茄泥、蒜泥和綜合絞肉稍微混合就大功告成！可直接裝入保鮮袋、整平後冷凍保存。

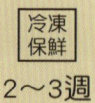

冷凍保鮮 2～3週

解凍後可拿來做漢堡排或肉燥！

材料
綜合絞肉（或牛絞肉）…400g
洋蔥（切末）…4大匙
番茄（切碎壓泥）…2大匙
蒜泥…1小塊
鹽…1小匙
胡椒…少許

調味冷凍步驟
1　以上材料裝碗，用手抓拌混合，均分為兩袋裝好。
2　壓平保鮮袋，同時擠出空氣，封好後冷凍保存。

適用的解凍法　(P30)　(P29)　(P31)

澎軟多汁的味覺享受！
漢堡排

材料（2人份）
番茄綜合絞肉（冷凍）…1袋
蛋打散備用…1大匙
麵包粉…4大匙
沙拉油…2小匙
水煮花椰菜・玉米粒…適量
A ┌ 烏醋…1/2大匙
　└ 番茄醬…1大匙

作法
1　「番茄綜合絞肉」解凍，再與蛋汁、麵包粉揉勻，捏成橢圓狀，做成肉餅。
2　取平底鍋以沙拉油熱鍋，放入肉餅以中火煎至稍微上色後即可翻面，蓋上鍋蓋以中火燜煎約7分鐘至熟透，起鍋。
3　把A倒入鍋中與剩餘肉汁拌煮，稍待煮滾後關火，淋上肉餅。
4　再依個人口味，加點鹽調味水煮花椰菜或玉米粒，一起盛盤就完成。

絞肉輕鬆炒，美味咖哩速上桌！
茄子秋葵乾咖哩

材料（2人份）
番茄綜合絞肉（冷凍）…1袋
茄子…2條
秋葵…6條
番茄汁…100ml
法式清湯粉…1/2小匙
咖哩粉…2小匙　　沙拉油…2大匙
鹽・胡椒…少許　　白飯…2人份

作法
1　蔬菜洗淨。茄子去蒂切片，厚度約1cm。秋葵去蒂，斜切半條。
2　取平底鍋以沙拉油熱鍋，放入茄子以中火煎至色澤微焦，再放入秋葵略炒。然後放入冷凍「番茄綜合絞肉」、番茄汁、法式清湯粉，加蓋以中火燜約2分鐘。待絞肉解凍後，加入咖哩粉拌炒；最後以鹽、胡椒稍加提味。
3　裝入已盛好飯的餐盤中就完成了！

絞肉

肉類 冷凍 祕訣

無論雞肉、豬肉、牛肉、絞肉,每種肉類都有適合的冷凍法,
以下就為大家介紹肉類的各種冷凍法。

1 直接冷凍・調味冷凍

直接冷凍可用於多種烹調法,相當方便。一起學會這些冷凍的訣竅吧!

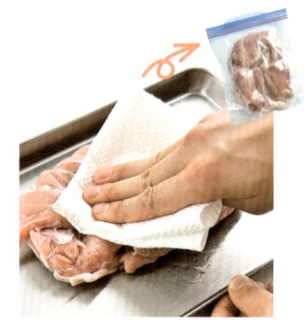

完整冷凍
要將整塊雞肉冷凍保存,就要先擦乾表面水分,再以保鮮膜緊密包覆、裝入保鮮袋,然後擠出空氣後放入冷凍庫。

切塊冷凍
先切塊就能在解凍後直接調理,相當方便且快速。將食材分成少量後,以保鮮膜包好,再放入保鮮袋封緊。

先調味再冷凍
放入冷凍前,先以燒肉醬醃漬,就能留住食材美味。然後放入保鮮袋,壓出多餘空氣並封好後冷凍。

2 水煮冷凍・蒸煮冷凍

先經過水煮或蒸煮程序,讓食材熟透後再冷凍。

蒸煮冷凍
可一次把雞肉都蒸好後冷凍備用。蒸全雞可先分裝成小份再冷凍。解凍後就能馬上享用!

水煮冷凍
清燙豬肉也很適合冷凍保存。先切成適口大小,再用保鮮膜緊緊包覆,然後放入保鮮袋冷凍。湯品也能裝入密封容器冷凍保鮮。

POINT!
撕成小塊,分裝冷凍
水煮肉可依預計的烹調方式,分成小塊再冷凍,方便日後使用。

3 煎烤冷凍・燉煮冷凍

將肉稍微煎煮，或做成肉燥後放入冷凍室備用。

先煎烤再冷凍
薄肉片可先煎炒使其充分入味後再冷凍。分裝成小分量的話，也能用於便當的配菜。

做成肉燥再冷凍
可將絞肉做成肉燥，再分裝後冷凍。調味選擇甜或辣皆宜，加進丼飯、便當都很好吃。

燉煮後冷凍
將雞翅等肉類以滷汁煮滾後再冷凍。連湯帶肉一起裝入保鮮袋是訣竅。只要解凍就是一道好菜！

4 熟食冷凍

裹好麵衣、把肉捲捲好等，先把調理步驟完成再冷凍，料理時就很省事！

捲好、煎好再冷凍
秋葵先以鹽、胡椒調味，再裹上肉片捲好，下鍋煎熟。冷凍前先用保鮮膜一條條包好，日後料理時就能吃多少拿多少。

醃漬、裹粉後再冷凍
豬排等炸物不妨都先醃漬調味、裹好麵衣再冷凍，方便日後料理。烹調時可不用解凍直接下鍋，接著倒油、開火就能輕鬆完成！

POINT!

肉排直接抹上奶油或油品就能冷凍！
肉類若缺水容易氧化，這時只要先在表面塗上一層油或奶油就能形成防護膜，避免氧化。

食材冷凍 技巧

雞胸肉

斜切薄片，
輕鬆完成一道熱炒！

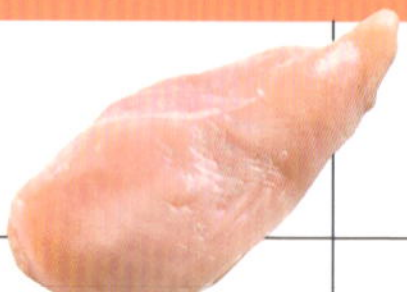

冷凍法① 直接冷凍（整塊）

去除表面水分 → 用保鮮膜緊緊包好

以廚房紙巾將雞肉表面水分徹底擦乾。

以保鮮膜包好，裝入保鮮袋，擠出多餘空氣後封口。

▶推薦烹調方式：炸雞排

●解凍後先醃肉、裹粉，油溫加熱至170℃即可下鍋油炸。

冷凍法② 直接冷凍（切片）

將雞肉斜切片 → 用保鮮膜緊緊包好

拭乾水分後，斜切成薄片，每100g分裝成一袋。

以保鮮膜包緊，放入保鮮袋，擠出多餘空氣後封口。

▶推薦烹調方式：熱炒類料理

●將冷凍雞肉燜蒸，待解凍後與其他食材一起拌炒。

冷凍法③ 烤好後冷凍保存

以烤箱烤好印度風烤雞 → 用保鮮膜緊緊包好

完成印度風烤半雞（兩隻）後，放涼。

以保鮮膜包好，裝入保鮮袋，擠出多餘空氣後封口。

▶推薦烹調方式：直接食用

●取出解凍，微波加熱即可。

雞腿肉

耐冷凍，
保鮮期長的食材！

冷凍法① 直接冷凍（整塊）

去除表面水分 → 用保鮮膜緊緊包好

以廚房紙巾將雞肉表面水分徹底擦乾。

以保鮮膜包緊，放入保鮮袋，擠出多餘空氣後封口。

▶推薦烹調方式：嫩煎雞肉

●將冷凍雞肉燜煎後，再調味即完成。

冷凍法② 直接冷凍（小塊）

切成小塊 → 用保鮮膜緊緊包好

拭乾水分後切成適當大小，每200g分裝成一袋。

以保鮮膜包好，裝入保鮮袋，擠出多餘空氣後封口。

▶推薦烹調方式：熱炒類料理

●將冷凍雞肉燜蒸，解凍後與其他食材一起拌炒。

冷凍法③ 先蒸熟後再冷凍

先蒸煮 → 用保鮮膜緊緊包好

整塊雞肉蒸到熟透，完全放涼後切成要用的分量。

以保鮮膜包好，裝入保鮮袋，擠出多餘空氣後封口。

▶推薦烹調方式：沙拉、涼拌

●雞肉解凍後若還是很大塊，不妨再切成小塊、拌入喜歡的蔬菜。

冷凍保鮮 2～3 週

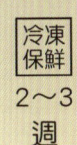

雞翅

馬上學會帶骨肉的冷凍技巧！

翅中段　冷凍法①　直接冷凍

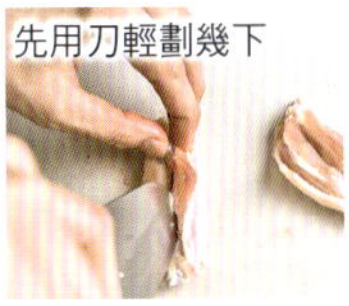

先用刀輕劃幾下 → 用保鮮膜緊緊包好

擦乾多餘水分，在骨頭間輕劃幾刀。

以保鮮膜包好，裝入保鮮袋，擠出多餘空氣後封口。

▶推薦烹調方式：燉煮料理

● 以湯汁燉煮冷凍雞翅，預先劃好的切口更能幫助入味。

翅尖　冷凍法②　先煎再冷凍

事先煎烤 → 用保鮮膜緊緊包好

在雞翅表面劃幾刀，再以鹽、胡椒調味，下沙拉油煎煮後靜置冷卻。

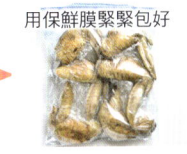

以保鮮膜包好，裝入保鮮袋，擠出多餘空氣後封口。

▶推薦烹調方式：直接食用

● 取出解凍再微波加熱就完成。

翅根　冷凍法③　柚子醋燉雞翅根

預先燉煮 → 湯汁也要一起密封

先煮好柚子醋燉雞翅根（清燉），靜置放涼備用。

連湯帶肉一起裝進保鮮袋，擠出空氣後封緊封口。

▶推薦烹調方式：直接食用

● 無需解凍，連同湯汁塊烹煮。或先解凍再微波加熱也可。

雞里肌

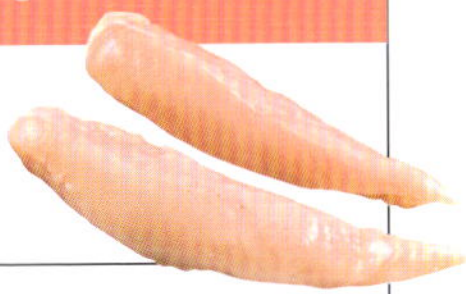

去筋後冷凍保存。

冷凍法①　直接冷凍（整塊）

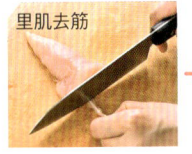

里肌去筋 → 用保鮮膜緊緊包好

除去表面水分後，以菜刀挑除白筋。

以保鮮膜包好，裝入保鮮袋，擠出多餘空氣後封口。

▶推薦烹調方式：熱炒料理

● 將里肌肉解凍（或半解凍），與其他食材拌炒即可。

冷凍法②　蒸熟後冷凍

剝成小塊 → 用保鮮膜緊緊包好

加入鹽與酒一起蒸煮，放涼後撕除粗筋，並剝成小塊備用。

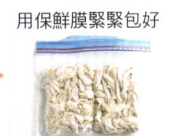

以保鮮膜包緊，放入保鮮袋，擠出多餘空氣後封口。

▶推薦烹調方式：沙拉、涼拌

● 取出解凍後，依個人喜好加入蔬菜涼拌。

冷凍法③　裹粉後再冷凍

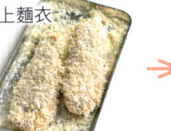

裹上麵衣 → 用保鮮膜緊緊包好

先去筋，以鹽、胡椒調味後裹粉。

以保鮮膜包好，裝入保鮮袋，擠出多餘空氣後封口。

▶推薦烹調方式：炸雞柳條

● 將裹好麵衣的雞里肌以油溫170℃入鍋油炸約5分鐘，至中心熟透即可撈出、瀝油。

食材冷凍 技巧

豬肉絲

醃入味後冷凍保存，
要吃時直接下鍋炒！

冷凍法① 先入味再冷凍

調味醃漬 → 連醃料一起入袋保存

拭乾表面水分，以燒肉醬汁或綜合調味料醃漬入味。

醃料也要一起裝入保鮮袋，擠出多餘空氣後封住即可。

▶推薦作法：熱炒料理
● 將冷凍肉燜至解凍，再下其他配料均勻拌炒。

冷凍法② 先煎炒再冷凍

稍加拌炒 → 用保鮮膜緊緊包好

以沙拉油炒至上色，加入鹽、胡椒調味，完成後冷卻備用。

以保鮮膜包緊，放入保鮮袋，擠出多餘空氣後封住袋口。

▶推薦作法：直接享用
● 解凍後再微波加熱即可開動。

memo

生鮮直接冷凍 vs 加熱調理後冷凍，那種比較好？

烹調後冷凍，再到開動前總共會經過兩道加熱程序，料理原有的風味可能多少會受到影響。不過先調理再冷凍，要吃時只要解凍再稍微加熱就能享用，省時又省力。若想避免料理走味，建議將調味用的油、湯汁一起冷凍保存。

豬肉薄片

直接冷凍、調味冷凍，
或做成肉捲再冷凍。

冷凍法① 生鮮直接冷凍（小塊）

切成適口大小 → 用保鮮膜緊緊包好

擦拭表面水分，切成適當大小再分裝。

以保鮮膜包緊，放入保鮮袋，擠出多餘空氣後封好開口。

▶推薦作法：熱炒料理
● 將冷凍肉燜至解凍，再下調味料均勻翻炒即可。

冷凍法② 先入味再冷凍

事先醃漬 → 用保鮮膜緊緊包好

去除多餘水分後墊著保鮮膜，以鹽、胡椒調味。

以保鮮膜包好，裝入保鮮袋，擠出多餘空氣後封住袋口。

▶推薦作法：做成豬肉捲
● 將肉片解凍，包入想吃的蔬菜再煎熟。

冷凍法③ 夾心豬肉捲

製作豬肉捲 → 用保鮮膜緊緊包好

取豬肉片包入秋葵或蘆筍，下鍋煎熟後放至冷卻。

以保鮮膜包好，裝入保鮮袋，擠出多餘空氣後封好開口。

▶推薦作法：略煎再享用
● 直接燜煎解凍，再適度調味即可。

冷凍保鮮 2～3 週

五花肉塊

水煮、叉燒皆宜，方便又美味！

冷凍法① 預先調味後冷凍保鮮

切成適當大小 → **用保鮮膜緊緊包好**

去除表面水分，切成小塊，均勻抹上鹽巴醃入味。

以保鮮膜封緊後放入保鮮袋，擠出多餘空氣，封好袋口。

▶推薦作法：燉煮料理

●解凍後先煎上色，再燜煮烹調即可。

冷凍法② 先水煮再冷凍

與辛香類蔬菜燙煮 → **用保鮮膜緊緊包好**

先將肉切成寬約1.5cm條狀，與辛香類蔬菜一起下鍋水煮，再整鍋放涼備用。

以保鮮膜包好，裝入保鮮袋，擠出多餘空氣後封好袋口。

▶推薦作法：湯品

●將冷凍五花加點雞粉水煮，解凍後再放入其他食材一起煮成湯。

冷凍法③ 做成叉燒冷凍保存

燉煮叉燒 → **湯汁也要一起裝好**

先滷好叉燒，連湯放涼備用。

連湯帶肉一起裝進保鮮袋，擠出空氣後封緊袋口。

▶推薦作法：直接品嚐

●先解凍，微波加熱後切片即可食用。

炸豬排・豬排肉

先挑筋處理再冷凍保存。

冷凍法① 生鮮直接冷凍（約切1cm寬）

切成1cm寬長條狀 → **用保鮮膜緊緊包好**

擦去表面水分、去筋處理等步驟完成後，切成寬約1cm的條狀，每100g裝成一袋。

以保鮮膜封緊，放入保鮮袋，擠出多餘空氣後封好。

▶推薦作法：熱炒料理

●將冷凍肉燜至解凍，再下調味料均勻翻炒即可。

冷凍法② 裹好粉再冷凍保存

裹上麵衣 → **用保鮮膜緊緊包好**

剔筋去膜後，以鹽、胡椒調味後裹粉。

以保鮮膜包好，裝入保鮮袋，擠出多餘空氣後封好袋口。

▶推薦作法：炸豬排

●將裹好麵衣的豬排肉以油溫170℃入鍋油炸約7分鐘，至中心熟透後起鍋。

memo

為方便解凍後快速上桌，不妨先做好去筋膜處理

冷凍前先處理好肉品，能讓解凍後的烹調更輕鬆快速。豬里肌先剔筋處理，解凍後烹煮時肉片才不會捲縮、更美觀平整。不要忽略這個小動作喔！

食材冷凍 技巧

牛肉塊

冷凍保存
才不失風味。

冷凍法① 生鮮直接冷凍（切小塊）

切成適當大小 → 用保鮮膜緊緊包好

去除表面的水分，切小塊後每200g裝成一袋。

以保鮮膜封緊後裝入保鮮袋，擠出多餘空氣再封住開口。

▶推薦作法：牛肉濃湯
● 取出解凍後熱油快炒，再與其他食材一起燉煮。

冷凍法② 做成烤牛肉再冷凍

烤牛肉 → 用保鮮膜緊緊包好

牛肉先煎烤，再以鋁箔紙包好，放至冷卻。

以保鮮膜封好，裝入保鮮袋，擠出多餘空氣再封好。

▶推薦作法：直接享用
● 取出解凍、切薄片，再配上生菜即可。

memo

為什麼烤牛肉要先用鋁箔紙包住？

將牛肉表面徹底烤熟，再以鋁箔紙包好冷卻，好讓餘熱慢慢將牛肉燜至微熟狀態。冷凍保存時鋁箔紙也不需要拆掉，直接裝袋冷凍即可。

牛肉片

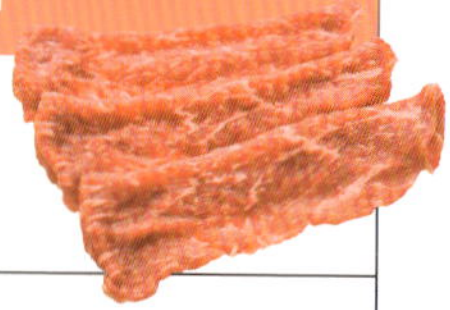

建議先油漬
再放冷凍。

冷凍法① 生鮮直接冷凍（切絲）

切細絲 → 用保鮮膜緊緊包好

去除表面水分，將肉片擺齊由上往下切絲後分裝。

以保鮮膜封緊後放入保鮮袋，擠出多餘空氣，封好袋口。

▶推薦作法：青椒肉絲
● 冷凍肉絲直接蒸煮解凍，再加入青椒等其他配料拌炒。

冷凍法② 油漬冷凍

將肉片與油拌勻 → 直接放入保鮮袋

將牛肉片與洋蔥、沙拉油拌勻，讓食材均勻被油包覆。

可直接裝入保鮮袋，擠出多餘空氣後封緊袋口。

▶推薦作法：熱炒料理
● 將冷凍牛肉片與洋蔥直接燜煮解凍，再加入調味料拌炒。

冷凍法③ 煎炒後冷凍保存

稍微拌炒 → 用保鮮膜緊緊包好

先用沙拉油炒至上色，以鹽、胡椒調味後放涼。

以保鮮膜包好，裝入保鮮袋，擠出多餘空氣後封好袋口。

▶推薦作法：直接品嚐
● 先解凍再微波加熱，調味依口味調整即可。

冷凍保鮮 2～3 週

牛排肉

先煎一遍或裹好粉再冷凍，要用時都超方便！

冷凍法① 先煎烤再冷凍

煎烤 → 用保鮮膜緊緊包好

切成一口狀，以鹽、胡椒調味，下鍋用沙拉油煎熟，完成後冷卻備用。

以保鮮膜封緊後裝入保鮮袋，擠出多餘空氣再封好。

▶推薦作法：直接享用
- 解凍後微波加熱就可以吃囉！

冷凍法② 裹好粉再冷凍保存

裹上麵衣 → 用保鮮膜緊緊包好

做好挑筋處理等步驟後，以鹽、胡椒調味後裹粉。

以保鮮膜包好，裝入保鮮袋，擠出多餘空氣後封好袋口。

▶推薦作法：炸牛排
- 將裹好麵衣的冷凍牛排肉以油溫170℃入鍋油炸，注意時間別炸太老。

memo

炸牛排三分熟最美味！

排隊名店的炸牛排就是中間烤至微熟、外層炸得酥脆。要自己做出這種炸牛排，推薦的作法就是先沾好麵衣再冷凍保存，並直接放入油溫170℃的鍋中油炸，待上色後起鍋，不輸名店的美味炸牛排就完成了！

在表面上塗一層奶油再冷凍。

冷凍法① 生鮮直接冷凍（小塊）

切成適當大小 → 用保鮮膜緊緊包好

擦乾表面水分，切成小塊後分裝小袋。

以保鮮膜封緊後裝入保鮮袋，擠出多餘空氣再封好。

▶推薦作法：骰子牛排
- 解凍後以熱油煎至恰到好處。

冷凍法② 塗上一層奶油再冷凍

抹上奶油 → 用保鮮膜緊緊包好

表面水分擦乾，加點鹽、胡椒，再塗上稍微退冰至常溫的奶油。

以保鮮膜封好，放入保鮮袋，擠出多餘空氣後封好袋口。

▶推薦作法：煎牛排
- 冷凍牛排直接蒸煎即可。

memo

事先塗好奶油再冷凍，煎牛排時就不用額外放油

牛排肉質容易乾澀，先在表面塗上一層奶油再冷凍保存，能有效避免牛排肉乾柴並維持鮮度。也因為預先以奶油處理過，料理時不需特別解凍，也無需額外倒油，直接下平底鍋蓋上蓋子燜煎，就能煎得軟嫩可口。奶油也可以用沙拉油取代。

食材冷凍 技巧

絞肉

冷凍肉燥超萬用！

冷凍法① 做成肉燥冷凍

炒肉燥 → 用保鮮膜緊緊包好

絞肉以鹽、胡椒調味再下鍋略炒，完成後靜置放涼。

以保鮮膜封緊後裝入保鮮袋，擠出多餘空氣封好保存。

▶推薦作法：拌炒料理

●將冷凍肉燥燜煮至解凍，再下其他食材一起拌炒即可。

冷凍法② 做成肉燥冷凍

炒肉燥 → 用保鮮膜緊緊包好

絞肉先以醬汁調味、下鍋略炒，完成後放涼備用。

以保鮮膜封緊後放入保鮮袋，壓出多餘空氣再封好開口。

▶推薦作法：韓式拌飯

●取肉燥解凍後微波加熱，再與其他配料一起裝盤就完成了。

盡量鋪平冷凍。

冷凍法① 生鮮直接冷凍

擦淨表面多餘水分 → 用保鮮膜緊緊包好

用廚房紙巾徹底擦乾絞肉表面水分。

以保鮮膜封緊後裝入保鮮袋，擠出多餘空氣封好保存。

▶推薦作法：肉醬

●將冷凍絞肉燜煮至解凍，再和其他食材一起調味、拌炒、燉煮至入味。

冷凍法② 先入味再冷凍

事先醃漬 → 用保鮮膜緊緊包好

去除多餘水分後以鹽、胡椒、酒、醬油等醃漬入味。

以保鮮膜包好，裝入保鮮袋，擠出空氣後封住袋口。

▶推薦作法：快炒料理

●將冷凍絞肉直接燜煮，解凍後下其他配料快炒即可。

---

memo

肉燥是料理的萬用幫手！

絞肉水分多又易壞，所以做成肉燥冷凍起來，就能有效延長它的保鮮期。料理變化性高也是肉燥的一大優點。淋在白飯或小菜上，或是做成三色丼、配上蒸煮蔬菜取代醬汁等作法也都很值得一試！

memo

為什麼絞肉要壓至扁平再冷凍？

不只是絞肉，冷凍其他食材時也要盡量遵守「鋪平保存」這個大原則。食材厚度薄、表面平整，就能快速完成冷凍與解凍，也能避免食物變質。想避開「危險溫度帶」帶來的影響，就要多留意這點。

Column 2

加工肉品的 冷凍技巧

學會各種生鮮肉品的冷凍技巧後，
現在，我們還要繼續來看看火腿、培根、香腸等加工肉品的保存法。
先切成方便處理的大小再分裝成小袋，就能輕鬆運用在各種料理上！

火腿

火腿可用於各式各樣的料理，是非常方便的常備食材。用保鮮膜包好再裝入保鮮袋保存吧！

冷凍技巧① 每3片用保鮮膜交錯包覆後冷凍。

將火腿與保鮮膜交錯包覆，每3片一份包好。

裝入保鮮袋，擠出多餘空氣後封住袋口。

適用料理：
- 三明治
- 沙拉

冷凍技巧② 切成長方形切片，再以保鮮膜包好冷凍。

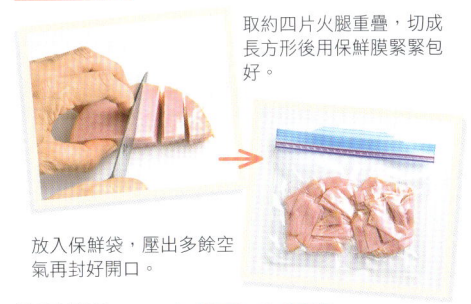

取約四片火腿重疊，切成長方形後用保鮮膜緊緊包好。

放入保鮮袋，壓出多餘空氣再封好開口。

適用料理：
- 中式湯品、法式清湯
- 沙拉

培根片

切好適當大小方便日後料理。培根直接吃就很好吃，煎得剛剛好再冷凍也是好方法。

冷凍技巧① 切成長方形薄片，再以保鮮膜包好冷凍。

將培根切成長方形後，用保鮮膜緊密包好。

裝入保鮮袋，擠出多餘空氣後封住袋口。

適用料理：
- 拌炒料理
- 炒蛋

冷凍技巧② 煎得焦香酥脆，再用保鮮膜包好保存。

培根下平底鍋煎至兩面酥脆後，以保鮮膜包好。

放入保鮮袋，壓出多餘空氣再封好開口。

適用料理：
- 三明治
- 沙拉

Column 2

厚切培根

先切好適當大小再冷凍保存。

冷凍技巧① 切塊後以保鮮膜包好冷凍。

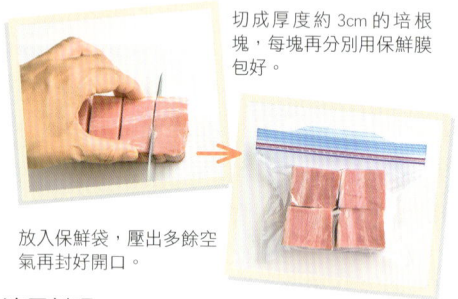

切成厚度約3cm的培根塊，每塊再分別用保鮮膜包好。

放入保鮮袋，壓出多餘空氣再封好開口。

適用料理：
- BBQ烤肉
- 法式燉湯等

香腸

保鮮膜加上保鮮袋冷凍保存，就能避免食材接觸空氣。

冷凍技巧① 每根香腸分別用保鮮膜包好。

一根根用保鮮膜仔細包好。

裝入保鮮袋，擠出多餘空氣後封住袋口。

適用料理：
- 熱狗
- 法式燉湯等湯品

適合加工肉品的解凍法有哪些？

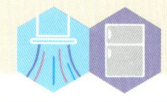

流水解凍＆冷藏解凍

⬇

做成沙拉或涼拌。

若要將火腿、培根解凍後直接用在沙拉或涼拌，則推薦使用流水或冷藏解凍。加工類肉品較不用擔心新鮮度流失，因此可使用流水快速解凍，就能馬上開始料理！

不解凍直接烹調

⬇

可用於煎烤、湯品、燉煮等烹調方式。

湯品尤其適合直接將冷凍食材下鍋烹煮。既能快速解凍，還可充分帶出食材香醇風味。培根塊也能直接放入平底鍋，兩面煎到微焦，再蓋上鍋蓋邊解凍邊燜煮。

Part 3

舌尖上的絕妙鮮味！
預調理食譜
海鮮篇

魚類、海鮮食材的關鍵就在鮮度，
一定有不少人想知道海鮮的正確保存技巧吧？
這類海鮮食材，只要掌握訣竅，不僅可以延長保鮮期，
還能留住食材本身的新鮮美味。
無論是全魚、切片還是其他海鮮，
都能藉由正確的冷凍方式讓美味加倍！
接下來就讓我們來一探究竟吧！

海鮮 調味冷凍 要訣

以冷凍方式保存海鮮，正好適合不喜歡魚腥味的人。
將食材調好味、均勻揉漬後裝入保鮮袋冷凍即可，就這麼簡單！

全魚・魚排（橫剖）的調味冷凍法

STEP1 去內臟後洗淨
將內臟去除乾淨後，別忘了徹底清洗。

STEP2 塗抹調味料，幫助入味
除了表面，魚腹腔內也要均勻地塗抹上調味料。

STEP3 每條魚都用保鮮膜仔細包好，裝入保鮮袋
一條一條分別用保鮮膜包緊，放入保鮮袋後封口。

魚片（縱切）的調味冷凍法

STEP1 以調味料醃漬入味
將魚切片平放至保鮮袋中，使魚片之間不會互相重疊，再加入調味料。

STEP2 均勻入味後密封保存
隔著保鮮袋輕按食材，讓食材均勻入味。

油漬也OK──最後再放油
訣竅就在於：先以其他調味料醃漬，油最後再加。

海鮮的調味冷凍法

STEP1 將蘿蔔泥、調味料放入袋中，與牡蠣混合入味
牡蠣洗淨後放入保鮮袋，再加入調味料及蘿蔔泥。

STEP2 均勻入味後密封保存
輕揉袋身，讓食材均勻入味。

花枝建議作法──徹底揉勻，讓調味滲透至食材每個角落
切段的花枝圈內部也要充分搓揉，使其均勻入味。

海鮮 解凍・烹調 要訣

海鮮一定要新鮮。因此選對解凍法，才能讓食材的鮮甜與口感完整發揮。
每種海鮮食材都有最適合的解凍法，請一定要熟記。

不解凍直接烹調

適用於：燙煮、鍋物、烤箱烘烤等烹調方式

適合不解凍、直接下鍋煮的料理方式有：連袋入鍋燙煮、鍋類料理、湯品、烤箱烘烤等料理。將冷凍食材直接放入煮滾的湯汁或熱水裡加熱約 10 分鐘，待解凍後加入蔬菜、調味料等續煮。以烤箱烘烤的方式也不錯。

以鐵網烘烤時，建議一段時間後補上一層鋁箔紙覆蓋

冷凍食材直接放鐵網烤，表面容易燒焦，建議烘烤一下子後蓋上鋁箔紙防止烤焦。

擺上蔬菜後烘烤

稍微退冰後在魚周圍擺上蔬菜，倒入調味料後即可烘烤。

不解凍直接加熱

烤盤鋪一層烘焙紙，放上整條尚未解凍的魚。

冰水・冷藏解凍

適用於：煎烤、鋁箔烘烤、製成海鮮丸等烹調方式

冰水解凍或冷藏解凍，都適用於以平底鍋煎魚、鋁箔烘烤，或湯料魚丸等料理。因生魚切片較容易損傷，建議使用冰水解凍。另外，半解凍狀態下烹調更能煮出食材的飽滿鮮甜，因此不需要完全解凍。

以平底鍋煎熟

可用冷藏解凍或冰水解凍法。建議半解凍即可。

製成海鮮丸類

先以冰水解凍，半解凍亦可，再放入食物調理機攪拌。

鋁箔烘烤

將切片魚放冰水中解凍，再與蔬菜配料一起包入鋁箔紙去烘烤。

全魚的預調理食譜 Recipe

地中海風青醬竹筴魚

將新鮮竹筴魚去鱗（含外側尾端硬鱗）後，清好內臟冷凍保存。抹上青醬再放冷凍，就能輕鬆完成歐風料理。

冷凍保鮮 2～3週

除了腹腔表面也要塗滿青醬！

材料
竹筴魚…4條
羅勒青醬…4小匙

調味冷凍步驟
1 竹筴魚去鱗、尾部硬鱗剔除、清理完內臟後洗淨擦乾。
2 魚腹內塗滿青醬、表面也要塗抹均勻，每條分別以保鮮膜包好。
3 每兩條裝一袋，擠出多餘空氣後密封冷凍保存。

適用的解凍法　(P28)　(P29)　(P31)

解凍後就可以大展身手！
義式水煮魚

材料（2人份）
地中海風青醬竹筴魚（冷凍）…2條
蛤蜊…150g
小番茄…10顆
黑橄欖…10粒
白酒…100ml
橄欖油…1大匙
巴西里末…適量

作法
1 「地中海風青醬竹筴魚」解凍。
2 蛤蜊泡鹽水吐沙後洗淨。小番茄洗淨、去蒂備用。
3 平底鍋以橄欖油熱鍋，放入竹筴魚開中火煎至剛好，再放入蛤蜊、小番茄、黑橄欖，倒入白酒、橄欖油，上蓋燜煮約5～7分鐘。
4 起鍋擺盤，撒點巴西里末裝飾即完成。

擺上蔬菜、放入烤箱就OK的懶人料理！
香烤竹筴魚

材料（2人份）
地中海風青醬竹筴魚（冷凍）…2條
櫛瓜…1/2條
紅蘿蔔…60g
迷你洋蔥…5顆
奶油…20g

作法
1 「地中海風青醬竹筴魚」解凍；蔬菜洗淨。
2 奶油放入耐熱容器，微波約30秒至融化備用。
3 櫛瓜切成厚度1.5cm片狀，紅蘿蔔去皮，切成0.7cm厚，迷你洋蔥對半切好備用。
4 烤盤鋪層烤紙，擺上解凍的竹筴魚、切好的蔬菜，淋上奶油。
5 以230℃預熱烤箱，烤約10～12分鐘即完成。

> **料理小訣竅**
> 未解凍食材也可直接入烤箱烤！
> 可將上述步驟5調整為：直接將冷凍竹筴魚烤10分鐘，稍微解凍後再加入蔬菜、奶油，繼續烘烤約10～12分鐘即可。

全魚

全魚的預調理食譜 Recipe

芝麻味醂漬沙丁魚

將新鮮沙丁魚去頭去內臟後，以濃郁調味醃漬再冷凍保存，不用另行調味，直接拿來煎烤、做成魚丸都很棒。

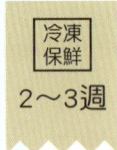

冷凍保鮮 2～3週

醬油、味醂生薑和芝麻的組合風味絕讚！

材料

沙丁魚…8條
味醂…3大匙
醬油…2大匙
薑汁…1大匙
白芝麻…2小匙

調味冷凍步驟

1　沙丁魚去頭去內臟後，以水洗淨並擦乾。
2　取一小鍋加入味醂煮滾後先關火，加入醬油、薑汁和白芝麻後放涼。
3　沙丁魚每4條裝一袋，分別倒入2的醬汁。
4　將袋中沙丁魚鋪平、排出多餘空氣後封好冷凍保存。

適用的解凍法　(P28)　(P29)　(P31)

放烤盤烤就能輕鬆等開動！
香烤沙丁魚

材料（2人份）

芝麻味醂漬沙丁魚（冷凍）…1袋
青龍椒（糯米椒）…6條

作法

1　「芝麻味醂漬沙丁魚」預先解凍。
2　瀝掉多餘漬湯，放入已預熱烤盤中，烤約5分鐘（兩面上下火）。若只烤單面約需3分鐘。青龍椒同樣烤至微焦即可擺盤。

料理小訣竅

鋪上鋁箔紙，不提前解凍也能輕鬆搞定！
若使用未解凍食材，請於上述步驟2一邊觀察烘烤狀況，在表面快上色前，蓋上一層鋁箔紙即可避免烤焦。

美味就是要趁熱吃！
酥炸沙丁魚丸

材料（2人份）

芝麻味醂漬沙丁魚（冷凍）…1袋
長蔥…1/4枝
太白粉…2小匙
味噌…1小匙
油炸油…適量
白蘿蔔泥、紫蘇葉、檸檬片…適量

作法

1　「芝麻味醂漬沙丁魚」先解凍，稍微瀝掉湯汁後放入食物調理機絞碎成魚漿。
2　長蔥切末備用。
3　將蔥末、太白粉、味噌與魚漿混合，捏成一口大小的魚丸。
4　將丸子稍微裹上一層太白粉，以170℃熱油下鍋油炸至熟。
5　起鍋裝盤，佐白蘿蔔泥、紫蘇葉和檸檬片就可以上桌了。

全魚

切片魚的預調理食譜 Recipe

蒜漬旗魚

將旗魚與鹽、胡椒、蒜泥拌勻入味，再加入月桂葉與橄欖油醃漬後冷凍保存，解凍後就能輕鬆完成一道時尚又美味的料理。

冷凍保鮮 2～3週

蒜泥與橄欖油風味是絕妙搭配！

材料
旗魚片…4片
蒜泥…1瓣
月桂葉…2片
鹽…1小匙
胡椒…少許
橄欖油…2大匙

調味冷凍步驟
1　旗魚撒上鹽與胡椒、鋪上蒜泥，每兩片裝一袋。
2　將月桂葉與橄欖油分別裝進袋中。
3　將保鮮袋整平，再壓出多餘空氣後封口，冷凍保存。

適用的解凍法　(P28)　(P29)　(P31)

用義大利香醋讓美味瞬間升級！
義大利香醋煎旗魚排

材料（2人份）
蒜漬旗魚（冷凍）…2片
洋蔥泥…3大匙
小番茄（紅‧黃色等）…適量
生菜嫩葉（Baby leaf）…適量

A ─ 義大利香醋…1大匙
　　醬油…1大匙
　　白酒…1大匙
　　蜂蜜…1小匙

作法
1　「蒜漬旗魚」取出解凍。
2　平底鍋熱鍋，將旗魚以中火煎3分鐘，翻面再煎3分鐘，直到熟透即可起鍋裝盤。
3　將洋蔥泥下鍋與剩餘的油拌炒，再加入A，略微煮滾後關火。
4　淋在旗魚片上，再加上生菜嫩葉與小番茄擺盤後即完成。

連袋子都不用拆，以熱水汆燙即可！
旗魚沙拉

材料（2人份）
蒜漬旗魚（冷凍）…2片
萵苣‧綠葉萵苣等生菜葉…100g
檸檬片（半月形）‧橄欖油…適量
鹽‧胡椒…少許

作法
1　「蒜漬旗魚」取出解凍；生菜洗淨。
2　取一鍋水煮沸後移開火源，將冷凍旗魚直接放入熱水中，靜置30分鐘直到冷卻。
3　生菜葉撕成適口大小後鋪入盤中，放上切碎的旗魚。
4　擠上檸檬、淋點橄欖油，再依個人口味以鹽、胡椒調味即可。

＊通常做成沙拉旗魚只會用到一片的量，剩餘的不妨直接冷凍，可繼續保存約2～3天，可另外應用於湯品或快炒料理上。

切片魚

切片魚的預調理食譜 Recipe

柚子醋醬醃鮭魚

帶有柚子、酸橙芳香的柚子醋醬油，與鮭魚醃漬入味後冷凍保存。直接下鍋煎或鋁箔蒸烤就能享用。

冷凍保鮮 2～3週

融入優雅的柚子與酸橙果香！

材料
生鮭魚切片…4片
鹽…少許
酒…適量

A
- 醬油…4小匙
- 味醂…4小匙
- 柚子或酸橙等柑橘榨汁…2小匙
- 鹽…2小撮

調味冷凍步驟
1. 在鮭魚表面輕抹一層鹽放置10分鐘，再用酒浸泡去腥。
2. 將鮭魚兩片裝一袋，並將混合均勻的A分別加入袋中。
3. 將袋子收平，擠出袋中多餘空氣後密封，冷凍保存。

適用的解凍法 (P28) (P29) (P31)

烤網烤一下就很好吃！
香鮭柚庵燒

材料（2人份）
柚子醋醬醃鮭魚（冷凍）…2片
蘿蔔嬰…半包

作法
1. 「柚子醋醬醃鮭魚」解凍備用。
2. 烤盤預熱，將鮭魚置於烤盤烤約7分鐘（兩面上下火），若單面烤可先烤5分鐘，翻面再烤4分鐘。
3. 烤熟後裝盤，最後擺上切去尾端並洗淨的蘿蔔苗即可。
（編註：柚庵燒是以柑橘類醃醬醃漬食材後燒烤烹調的一道日式料理，源自江戶時代。）

料理小訣竅
鋪上鋁箔紙，不提前解凍也能輕鬆搞定！
若使用未解凍食材，請於上述步驟2一邊觀察烘烤狀況，在表面快上色前蓋上鋁箔紙即可。

蒸出菇類陣陣清香！
鮮菇蒸鮭魚

材料（2人份）
柚子醋醬醃鮭魚（冷凍）…2片
金針菇…半包（50g）　　胡椒…少許
鴻禧菇…半包（50g）　　芝麻油…1小匙
紅蘿蔔…30g　　　　　　青蔥（切小段）
鹽…2小撮　　　　　　　…適量

作法
1. 「柚子醋醬醃鮭魚」解凍備用；菇類與蔬菜洗淨。
2. 金針菇、鴻禧菇皆去根，紅蘿蔔去皮、切絲。
3. 於鋁箔紙鋪上金針菇、鴻禧菇、紅蘿蔔絲，撒點鹽、胡椒，最後擺上鮭魚，並淋上芝麻油後包好。
4. 放入平底鍋內，倒入100ml的水，蓋上鍋蓋以弱～中火燜煮約10分鐘至熟透。
5. 起鍋裝盤，打開鋁箔紙後撒點青蔥裝飾。

74

切片魚

海鮮的預調理食譜 Recipe

咖哩美乃滋醃花枝

大人小孩都喜歡的咖哩美乃滋口味，做成醃漬食材冷凍備用也相當便利。不只熱炒料理，運用在湯品也非常適合。

冷凍保鮮 2～3週

美乃滋的香醇與咖哩粉完全絕配！

材料
花枝…400g
A ┌ 美乃滋…2大匙
　├ 咖哩粉…2小匙
　├ 鹽…1小匙
　└ 胡椒…少許

調味冷凍步驟
1　花枝去頭處理。足部待內臟與吸盤去除後每2～3條切一束。身體部分拉掉軟骨後切段，寬約1.5cm。鰭切段（1cm）。
2　均分成兩袋，並將混合完成的A分別加入袋中，稍微揉捏均勻。
3　將袋子收平，擠出袋中多餘空氣後密封，冷凍保存。

適用的解凍法　(P30)　(P29)　(P31)

直接放入冷凍花枝就能輕鬆煮好！
花枝椰奶咖哩湯

材料（2人份）
咖哩美乃滋醃花枝（冷凍）…1袋
A ┌ 雞湯粉（顆粒）…1小匙
　└ 水…300ml
椰奶…200ml
鴻禧菇…半包（50g）
甜椒（紅色）…半個
羅勒葉…適量
檸檬（切圓片）…2片
鹽・胡椒…少許

作法
1　菇類與蔬菜洗淨。鴻禧菇去根後剝成小朵。甜椒橫切半去蒂及籽，再切成寬約1cm的細條狀。
2　取湯鍋將A加熱，直接放入未解凍的「咖哩美乃滋醃花枝」。稍待解凍後，加入鴻禧菇、甜椒與椰奶。煮滾後轉中火繼續煮3分鐘。最後試一下味道，斟酌加入鹽、胡椒調味。
3　裝盤、擺上羅勒葉與檸檬片就完成了。

花枝要小心別煮得過熟囉！
奶油咖哩醬炒花枝

材料（2人份）
咖哩美乃滋醃花枝（冷凍）…1袋
豆芽菜…1袋
韭菜…50g
奶油…10g
醬油…1小匙

作法
1　「咖哩美乃滋醃花枝」解凍備用；蔬菜洗淨。
2　豆芽菜去頭尾。韭菜切段，長約4cm。
3　下奶油熱平底鍋，將花枝下鍋大火快炒，花枝炒熟後放入豆芽菜、韭菜繼續拌炒，最後用醬油調味即可上桌。

料理小訣竅
想直接調理冷凍食材，就用蒸煮方式吧！
冷凍食材也能直接下鍋，只要在步驟3蓋上鍋蓋小火蒸煮，解凍後將食材拌開、開中火加入奶油繼續炒熟。後續步驟一樣不變。

海鮮

海鮮的預調理食譜 Recipe

蘿蔔泥漬牡蠣

將牡蠣洗淨，與蘿蔔泥、調味料一同醃漬入味後冷凍保存。蘿蔔泥和牡蠣滋味非常搭，解凍後也可以直接加熱享用。

冷凍保鮮 2～3週

蘿蔔泥解凍後一樣好吃！

材料
去殼牡蠣…400g
白蘿蔔…200g
A ┌ 淡口醬油…4大匙
　├ 味醂…4大匙
　└ 鹽…1/4小匙

調味冷凍步驟
1　先將牡蠣清洗乾淨備用。
2　白蘿蔔磨泥，與A均勻混合。
3　將牡蠣均分成兩份裝入保鮮袋，再分別加入調味料，搓揉均勻。
4　將保鮮袋整平，再壓出多餘空氣後封好，冷凍保存。

適用的解凍法　(P28)　(P29)　(P31)

直接下鍋與高湯一起烹煮就完成了！
牡蠣雪見鍋

材料（2人份）
蘿蔔泥漬牡蠣（冷凍）…1袋
水芹…100g
水菜…100g
長蔥…1枝
木棉豆腐…1/2塊
日式高湯…800ml

作法
1　將水芹、水菜等想吃的葉菜類洗淨、切段。長蔥斜切片。豆腐瀝乾水分後切成適當大小。
2　高湯倒入鍋內加熱，直接放入未解凍的「蘿蔔泥漬牡蠣」。待稍微解凍後加入葉菜及豆腐，再煮約5分鐘即可。

> **料理小訣竅**
> 冷凍牡蠣直接放入熱呼呼的高湯就能輕鬆搞定！
> 不用解凍就能直接調理的食材很適合用在鍋物等燉煮料理。其他食材等牡蠣入鍋解凍後再放入即可。

滿滿的鮮甜與爽口滋味！
牡蠣炊飯

材料（2～3人份）
蘿蔔泥漬牡蠣（冷凍）…1袋
米…約3杯
油豆腐…1塊
鴻禧菇…1盒
鴨兒芹…適量

作法
1　將「蘿蔔泥漬牡蠣」解凍。
2　米洗淨後浸泡。
3　油豆腐去除多餘油分後對半切，再切成寬約1cm細條狀。鴻禧菇洗淨、去根後剝成小瓣備用。
4　將米的水倒掉後放入煮飯鍋，再加入牡蠣以及油豆腐、鴻禧菇（連同醃料）。倒入3杯米刻度的水（約350ml），按下開關開始炊煮。
5　飯煮好後先把牡蠣取出，稍微拌一下炊飯，再放回牡蠣蒸約10分鐘。最後裝碗、擺上洗淨、切好的鴨兒芹裝飾就完成。

海鮮

海鮮 冷凍 祕訣

以下將為大家介紹各種魚類、海鮮類食材的冷凍保鮮術，無論是全魚、切片、各式海鮮、生魚片等，都能鎖住新鮮、美味不流失。不妨一邊想想看之後要用哪種烹調方式，再將食材冷凍。

1 直接冷凍

整條魚不用切開也不用先處理內臟，直接冰漬冷凍起來就能延長保鮮期。

小竹筴魚以保鮮盒冰漬

整隻魚若不經醃漬處理就要冷凍，建議使用冰漬冷凍法。以小竹筴魚為例，放進保鮮盒倒入蓋過食材的水，再放冷凍保存即可。

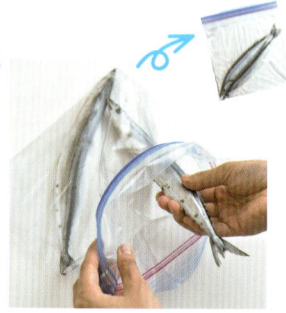

秋刀魚以保鮮袋冰漬冷凍

像秋刀魚這種較長形的魚類可用冰漬冷凍法。拿尺寸較大的保鮮袋裝入秋刀魚後，倒入能覆蓋食材的水量，最後擠出多餘空氣、袋口封緊即可。

蝦、貝類也可以冰漬冷凍

蝦子貝類等同樣直接放入保鮮盒，倒入蓋過食材的水後放冷凍庫保存。水能隔絕食材接觸到空氣，因此不易變質損壞。

2 預先調味冷凍

生魚片或切片魚較容易變質，建議採用醃漬冷凍，能強化食材保存效果。

生魚片先調味再冷凍

生魚片直接放冷凍容易走味，可先以醬油調味後再冷凍保存。若能加點蒜或生薑調味也很棒。

魚切片後先入味再冷凍

切片後的魚容易損壞，建議先調味再冷凍。擦乾表面多餘水分並以調味料醃漬後，用保鮮膜緊緊包住，裝入保鮮袋封好即可。

花枝先醃漬再冷凍

花枝去頭去軟骨，醃漬後再冷凍保存。搭配好菜色、先切成方便烹調的大小再放冷凍，也是省時省力的妙招。

3 煎烤冷凍・拌炒冷凍

海鮮類除了直接冷凍，也很適合煎炒過後冷凍保存。

煎好後剝碎冷凍
竹莢魚、秋刀魚等整尾魚不妨先以煎、煮方式加熱後再冷凍。煮熟後撕成小塊再冷凍保存，之後便可直接用於拌飯、小菜等料理上，方便快速。

做成照燒再冷凍
魚類食材採照燒等重口味調味是一大訣竅。煎煮後冷凍保存，要吃時微波加熱即可，也可以做成便當菜。

煎炒後再冷凍
干貝等海鮮先調味、稍微炒過後再放冷凍，更能延長保鮮期。解凍時可直接放入熱水解凍，方便又美味。

4 熟食冷凍

做成炸物也是個好選擇。完成前置調理步驟，隨時下鍋！

裹好粉再冷凍
牡蠣、竹莢魚、干貝、鮮蝦等食材都可以先裹好麵衣再放冷凍保存。到時候不需解凍就可以直接入鍋油炸。

5 燉煮冷凍

海鮮類食材也很適合燉煮入味再冷凍保存。記得連湯汁一起放冷凍喔！

梅子燉魚
將秋刀魚去除內臟後切塊，做成梅子燉魚再冷凍保存。連同煮汁一起平整入袋後封緊開口即可。

清燉花枝
花枝清燉後肉質相當柔軟，此時再進行冷凍保存即可。要留意的是花枝別煮過頭，否則咬起來會和橡皮筋一樣硬。

食材冷凍 技巧

全魚

生鮮直接冷凍可用冰漬冷凍法，
煎、煮後再冷凍同樣新鮮又美味。

冷凍法③ 烤好後冷凍保存

食材剝碎 → 以保鮮膜緊密包好

整條魚鹽烤後放涼，剔除魚骨魚皮後把魚肉細分成碎塊。

以保鮮膜包緊放入保鮮袋，擠出多餘空氣後封好開口。

▶推薦作法：拌飯

● 解凍後微波加熱，直接拌入飯中即可。

冷凍法④ 做成梅子燉魚冷凍保存

先燉煮 → 連湯汁一起入袋

先去頭、去內臟，做成梅子燉魚，再連湯汁一起放涼。

連湯帶料一起裝進保鮮袋，壓出多餘空氣後封緊開口即可。

▶推薦作法：直接加熱享用

● 解凍後微波加熱即可。

冷凍法① 生鮮直接冷凍（小竹莢魚等）

盒內裝水 → 蓋緊盒蓋

將食材直接放入保鮮盒，倒入剛好蓋過食材的水量即可。

蓋上保鮮盒盒蓋，放入冷凍庫就完成冰漬冷凍了。

▶推薦作法：香烤鮮魚

● 食材取出解凍後做好基本處理，放烤網煎烤即可。

冷凍法② 生鮮直接冷凍（秋刀魚等）

袋內裝水 → 封緊袋口

將食材直接裝入保鮮袋，倒入剛好蓋過食材的水量即可。

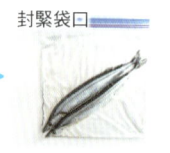

保鮮袋盡量鋪平，擠出多餘空氣再封好。

▶推薦作法：沙丁魚南蠻漬

● 將魚解凍後做好基本處理，裹上麵粉，以油溫170℃油炸，最後以南蠻醋浸漬即可。

memo

建議鹽烤後冷凍保存

像竹莢魚、秋刀魚等魚類，都可以鹽烤調理後再冷凍保存。不妨將魚肉弄碎、以保鮮膜封好放入保鮮袋內。若用在炊飯、拌飯或涼拌料理上，半解凍也OK！

memo

基本原則為：若未經醃漬處理，請整條魚完整冷凍保存

尚未去除內臟、也未切片的全魚，就要以冰漬冷凍法保存。解凍後去頭、去內臟，再以清水洗淨。魚類若都先處理好再冷凍，料理時能省下不少時間和手續，但相對較難維持食材原有的品質。

82

冷凍保鮮 2～3 週

切片魚

先切片處理就能輕鬆運用在各式料理，相當方便。

冷凍法③　奶油香煎後再冷凍

奶香煎魚　→　用保鮮膜緊緊包好

先以鹽、胡椒調味，再裹上麵粉，放入奶油煎熟。

以保鮮膜包緊放入保鮮袋，擠出多餘空氣後封好開口。

▶推薦作法：直接加熱享用
- 取出解凍後微波加熱即可。

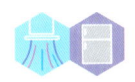

冷凍法①　生鮮直接冷凍（去魚皮）

剝皮　→　以保鮮膜封緊

生魚片用的魚可先由頭至尾將皮剝除、去掉細小骨頭。

以保鮮膜包緊放入保鮮袋，擠出多餘空氣後封好開口。

▶推薦作法：生魚片
- 僅需解凍就能食用。記得盡快吃完。

冷凍法④　裹上麵衣再冷凍

先裹好粉　→　以保鮮膜緊密包好

先以鹽、胡椒調味再裹粉。

以保鮮膜封緊後裝入保鮮袋，擠出多餘空氣封好保存。

▶推薦作法：酥炸魚排
- 無須解凍，直接放入油溫170℃的鍋中油炸即可。半煎半炸也可以。

冷凍法②　先入味再冷凍

前置調味　→　以保鮮膜緊密包好

用廚房紙巾擦乾多餘水分，再以鹽、胡椒調味。

以保鮮膜封緊後裝入保鮮袋，擠出多餘空氣封好保存。

▶推薦作法：法式奶香煎魚
- 將魚解凍後裹上麵粉，再以奶油煎烤即可。

---

memo

為什麼建議裹粉再冷凍，而不是先炸好再冷凍？

如果先炸好再放冷凍，油分容易因接觸空氣而氧化、褐化。將食材調理至下鍋油炸前的狀態再冷凍保存，是最能留住美味的好方法。這麼做不需另外解凍，只要直接放入油鍋即可，炸好後不僅外皮酥脆、內層也多汁可口。

memo

醃漬調味做得好，就不用怕食材劣化變質

魚類食材容易不新鮮，先調好味再冷凍，就能避免鮮度流失。調味料不僅能預防食材乾燥，還能凝聚細胞內外水分，進而防止冰晶愈結愈大塊，簡單來說，多了事前調味這一道步驟，就能避免食物細胞損傷、防止食材劣化。

食材冷凍 技巧

鰹魚

兩種醃料，
讓鰹魚冷凍後一樣好吃。

冷凍法① 先調味再冷凍（生薑）

前置入味 → **連醃料一起入袋**

擦掉表面多餘水分後切成一口大小，再以生薑醬油調味。

將食材與醃汁一起裝入保鮮袋，擠出多餘空氣封好保存。

▶推薦作法：生魚片
●解凍就可以吃。切記儘快食用完畢。

冷凍法② 先調味再冷凍（大蒜）

事先入味 → **連醃料一起入袋**

擦乾表面多餘水分後切成一口大小，加入大蒜醬油調味。

將食材與醃汁一起裝入保鮮袋，壓出多餘空氣，密封好保存。

▶推薦作法：乾煎
●食材解凍（不解凍亦可）後煎熟即可。

memo

**鰹魚的腥味
就用大蒜和薑來消除！**

鰹魚一不新鮮就容易發出腥臭味。買回來的魚擺在盤上若滲出血水就要徹底擦乾。另外，先以大蒜、生薑醬油醃漬處理後冷凍保鮮，也較不易產生腥味。

旗魚

便當菜的好夥伴，
旗魚冷凍術聰明學！

冷凍法① 先調味再冷凍

預先調味 → **以保鮮膜緊密包好**

取廚房紙巾擦淨多餘水分後切塊，再以鹽、胡椒調味。

以保鮮膜封緊後裝入保鮮袋，擠出多餘空氣封好保存。

▶推薦作法：拌炒料理
●食材解凍（不解凍亦可）後下鍋拌炒即可。

冷凍法② 做成照燒再冷凍

先做成照燒旗魚 → **以保鮮膜緊密包好**

以微甜帶辣的照燒醬煎煮，再連醬汁一同靜置冷卻。

以保鮮膜包緊放入保鮮袋，擠出多餘空氣後封好開口。

▶推薦作法：直接加熱享用
●取出解凍後微波加熱即可。

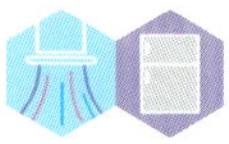

memo

**食材先入味再冷凍，
就能變化出各種料理**

旗魚雖能直接生鮮冷凍，先調味再冷凍仍較理想。擦去食材表面水分、切成大小剛好的塊狀，撒點鹽、胡椒調味再冷凍保存。解凍後煎、炒都適合，燉煮料理更無需解凍，直接下鍋烹調即可。

冷凍保鮮 2～3 週

鯛魚

處理好食材再冷凍，就能去除魚腥味。

冷凍法① 先調味再冷凍

事先入味 → 以保鮮膜緊密包好

取廚房紙巾擦掉表面水分後，以鹽、酒調味。

用保鮮膜封緊後裝入保鮮袋，擠出多餘空氣，密封保存。

▶推薦作法：香烤鯛魚
●解凍（未解凍亦可）後置於烤網烤熟即可。

冷凍法② 清蒸後冷凍

蒸煮 → 以保鮮膜封緊

加點鹽、酒，放入蒸鍋蒸煮。蒸熟後取出放涼。

以保鮮膜包緊後裝入保鮮袋，擠出多餘空氣封好保存。

▶推薦作法：直接加熱品嚐
●食材解凍後微波加熱即可。

冷凍法③ 煎烤後冷凍

將肉撥散 → 以保鮮膜緊密包好

鯛魚鹽烤後放涼，去皮去骨的同時把肉剝碎成絲。

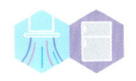

用保鮮膜封緊後裝入保鮮袋，擠出多餘空氣，密封保存。

▶推薦作法：鯛魚飯
●食材解凍後微波加熱，再與白飯拌勻即可。

鮭魚

做好醃漬調理，就能避免食材變質。

冷凍法① 先調味再冷凍

前置調味 → 以保鮮膜緊密包好

用廚房紙巾擦掉水分，撒點鹽調味。

用保鮮膜封緊後裝入保鮮袋，擠出多餘空氣，密封保存。

▶推薦作法：鹽烤鮭魚
●解凍（未解凍亦可）後，將鮭魚置於烤網烤熟即可。

冷凍法② 煎烤後冷凍

將肉撥散 → 以保鮮膜封緊

鮭魚鹽烤後放涼，去皮去骨的同時把肉剝碎成絲。

以保鮮膜包緊後裝入保鮮袋，擠出多餘空氣封好保存。

▶推薦作法：拌飯
●食材解凍後微波加熱，再與白飯拌勻即可。

冷凍法③ 以奶油香煎再冷凍

奶香煎鮭魚 → 以保鮮膜緊密包好

先以鹽、胡椒調味，加點麵粉，以奶油下鍋煎熟後放涼。

以保鮮膜封緊後裝入保鮮袋，擠出多餘空氣封好保存。

▶推薦作法：直接加熱享用
●食材解凍後微波加熱即可。

食材冷凍 技巧

鮪魚

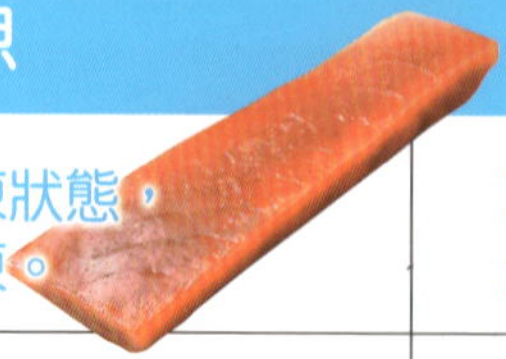

若買來時已非冷凍狀態，建議先醃漬再冷凍。

冷凍法① 生鮮直接冷凍（整塊）

結冰鮪魚直接冷凍 → 裝入保鮮袋

拆掉外包裝，用保鮮膜緊緊包覆。

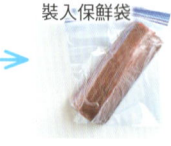

直接放入保鮮袋，擠出多餘空氣後封口。

▶推薦作法：生魚片

● 僅需解凍就能享用。務必盡早吃完。

冷凍法② 先調味再冷凍

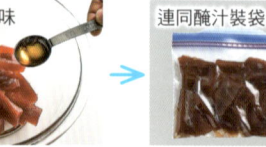

前置調味 → 連同醃汁裝袋

擦乾表面水分後切成適口大小，以醬油、芝麻油醃漬入味。

將魚肉與醃汁一起裝進保鮮袋，擠出多餘空氣封好袋口。

▶推薦作法：解凍後直接食用

● 解凍後就可以吃了。切記早點吃完。

memo

生鮮鮪魚直接放冷凍會好吃嗎？

鮪魚塊買來後，就算以保鮮膜包住、裝進保鮮袋，並抽出空氣放入自家冷凍庫，也很容易變質發黑。建議購買鮪魚時，還是盡量挑冷凍的鮪魚塊。

鰤魚

冷凍前先入味，去腥又美味。

冷凍法① 先調味再冷凍

事先調味 → 以保鮮膜封緊

取廚房紙巾擦乾表面水分後，再以鹽、酒調味。

以保鮮膜包緊後裝入保鮮袋，擠出多餘空氣封好保存。

▶推薦作法：香烤鰤魚

● 解凍（未解凍亦可）後，將鰤魚置於烤網烤熟即可。

冷凍法② 做成照燒再冷凍

先做成照燒鰤魚 → 以保鮮膜緊密包好

以微甜帶辣的照燒醬煎煮，再連醬汁一同靜置冷卻。

以保鮮膜包緊放入保鮮袋，擠出多餘空氣後封好開口。

▶推薦作法：直接加熱享用

● 解凍後微波加熱即可開動。

memo

照燒魚切小塊，就能化身美味便當菜

照燒鰤魚是大人小孩都愛的便當配菜。先將鰤魚切小塊，照燒煎煮後用保鮮膜仔細包好，裝入保鮮袋冷凍。解凍時就能用多少拿多少。

冷凍保鮮 2～3 週

花枝

適合冷凍保存的食材之一，
生吃熟食皆宜。

冷凍法④　稍微燙熟再冷凍

迅速汆燙 → **以保鮮膜封緊**

去除軟骨、內臟後切成隨意大小，稍微燙熟後泡一下冷水，再瀝乾備用。

以保鮮膜包緊後裝入保鮮袋，擠出多餘空氣封好保存。

▶推薦作法：微漬花枝
● 花枝取出解凍，再浸泡醃汁入味。

冷凍法⑤　稍微煮過再冷凍

略煮入味 → **連湯帶料裝袋**

去除軟骨、內臟後切成隨意大小，煮入味後再靜置放涼。

將花枝肉與湯汁一起裝進保鮮袋，擠出多餘空氣封好袋口。

▶推薦作法：直接加熱即可
● 花枝取出解凍，再微波加熱。

memo

花枝去骨去皮和內臟後，可以直接放冷凍嗎？

花枝的前置處理每次都相當麻煩。你是不是也認為「將花枝身足分離，去除內臟、眼睛、嘴器後用保鮮膜包好放冷凍，這樣解凍後馬上就能用」呢？但花枝其實是不耐放的食材，因此整隻冰漬冷凍仍是最佳處理方式。

冷凍法①　生鮮直接冷凍（整隻）

倒入水 → **封好袋口**

整隻花枝裝入保鮮袋，並將水倒入袋中，水量約蓋過食材即可。

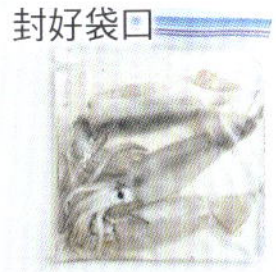

將保鮮袋收平，擠出多餘空氣後，再封好開口。

▶推薦作法：香烤花枝
● 食材取出解凍，去軟骨去內臟等步驟完成後，置於烤網烤熟即可。

冷凍法②　生鮮直接冷凍（切段）

切成花枝圈 → **以保鮮膜緊密包好**

內臟、軟骨等去除乾淨後切成花枝圈，花枝腳則每兩、三根切成一束。

用保鮮膜封緊後裝入保鮮袋，擠出多餘空氣，密封保存。

▶推薦作法：炸花枝圈
● 將花枝圈解凍後擦去多餘水分，再以油溫180℃油炸。

冷凍法③　先調味再冷凍

事先調味 → **連同醬汁裝袋**

去除軟骨、內臟後切成隨意大小，以生薑醬油醃漬入味。

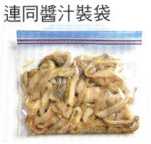

將花枝肉與醬汁一起裝進保鮮袋，擠出多餘空氣封好袋口。

▶推薦作法：快炒料理
● 解凍（不解凍也可）後以油鍋拌炒即可。

食材冷凍 技巧

干貝

要留住干貝的鮮嫩，
就要以保鮮膜包好再冷凍。

冷凍法① 生鮮直接冷凍（生干貝）

取保鮮膜一顆顆包好 → 裝入保鮮袋

將干貝稍微以清水洗淨，再一粒粒分別用保鮮膜仔細包好。

包好後直接裝入保鮮袋中，擠出多餘空氣再封好袋口。

▶推薦作法：熱炒料理

● 想吃幾顆就拿幾顆，解凍後再和其他配料一起拌炒。

冷凍法② 奶油醬油炒干貝

加入奶油醬油與干貝拌炒 → 連同湯汁裝袋

干貝下鍋與奶油醬油炒熟，再連醬汁一起靜置冷卻。

將食材與湯汁一起裝進保鮮袋，擠出多餘空氣，封好袋口。

▶推薦作法：加熱直接享用

● 整袋冷凍干貝，放入熱水解凍加熱。

冷凍法③ 活用泡開的干貝水（乾干貝）

加水泡開 → 蓋上蓋子

將乾燥干貝放入保鮮盒，倒入水靜置約30分鐘泡發。

蓋上盒蓋密封起來，放入冷凍庫即可。

▶推薦作法：干貝湯

● 取出整盒冰漬干貝入鍋，加入其他食材慢煮。

牡蠣

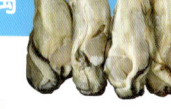

冷凍後的牡蠣
吃起來鮮甜加倍！

冷凍法① 生鮮直接冷凍（去殼）

倒入水 → 蓋上盒蓋

將牡蠣以清水洗淨，放入保鮮盒並倒入水，水量約蓋過食材即可。

蓋上蓋子密封後冷凍冰漬即可。

▶推薦作法：拌炒料理

● 將整塊冰漬牡蠣以冰水解凍，拭乾多餘水分後拌炒。

冷凍法② 加生薑燉滷後冷凍

滷至甜鹹入味，並加入些許生薑 → 連湯帶料裝袋

將牡蠣洗淨，以醬油、砂糖、味醂、生薑等調味燉煮，並連同湯汁一起靜置放涼。

將牡蠣與湯汁一起裝進保鮮袋，擠出多餘空氣封好袋口。

▶推薦作法：加熱後直接享用

● 取出解凍並微波加熱即可。

冷凍法③ 裹好粉再冷凍保存

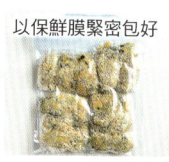

裹上麵衣 → 以保鮮膜緊密包好

牡蠣去殼，以鹽、胡椒調味後裹粉。

以保鮮膜包好，裝入保鮮袋，擠出多餘空氣後封好袋口。

▶推薦作法：炸牡蠣

● 將裹好麵衣的牡蠣以油溫170℃下鍋油炸，油煎也OK。

Column 3

海鮮加工食品的冷凍技巧

魩仔魚乾、明太子等鹽漬食品或魚漿製品，由於含鹽量高，保存期限本身就比生鮮食材來得長，不過，還是有些冷凍小訣竅可以替這些食材的美味加分。以下分別介紹各種海鮮食品的冷凍保鮮術。

魩仔魚乾

魩仔魚乾，加進涼拌、沙拉，或做成煎蛋都很好吃。均分成小份再用保鮮膜包好、裝入保鮮袋保存是關鍵。

冷凍技巧① 小包小包裝好再冷凍保存。

每份約取 30g，分別用保鮮膜包好再裝入保鮮袋，擠出空氣後封好。

適用料理：
- 涼拌魩仔魚
- 義大利麵、煎蛋捲等

memo

魩仔魚乾可用冷藏或流水解凍。這些食品鹽分高，因此不需太多時間解凍。

冷凍技巧② 做成魩仔魚香鬆。

魩仔魚先乾炒，再加入海苔粉與白芝麻拌炒。

分成小份用保鮮膜包妥，裝入保鮮袋後壓出多餘空氣、把開口封好。

適用料理：
- 魩仔魚香鬆
- 煎蛋捲配料等

明太子

明太子可以運用在義大利麵、拌飯香鬆、飯糰、炒飯配料、熱炒等料理中，變化相當多樣。

冷凍技巧① 每條分別包好再冷凍保存。

將明太子以保鮮膜一條一條緊緊包好。

直接裝入保鮮袋，壓出多餘空氣後封好，放入冷凍庫。

適用料理：
- 明太子義大利麵
- 拌炒料理等

冷凍技巧② 烤明太子同樣包好冷凍保存。

將烤明太子切成小塊，再用保鮮膜仔細包好。

裝入保鮮袋，擠出多餘空氣，封住袋口再冷凍保存。

適用料理：
- 明太子飯糰
- 明太子炒飯等

Column 3

其他

其他海鮮加工食品，也要分別選擇適合的冷凍法保存！基本原則同樣是避免食材與空氣的接觸。

冷凍技巧 分別以保鮮膜少量包好，再裝入保鮮袋冷凍保鮮。

將鮭魚卵以小容器分裝

先以小鋁箔杯分裝，放入保鮮盒。再於食材上覆蓋一層保鮮膜，蓋上盒蓋放冷凍。

適用料理：
- 鮭魚卵丼飯
- 沙拉配料等

竹莢魚乾可改用鋁箔紙保存

每片魚乾分別以鋁箔紙仔細包好，放入保鮮袋後擠出空氣、壓緊開口，便可放入冷凍保存。

適用料理：
- 拌飯
- 香鬆等

煙燻鮭魚要與保鮮膜交互重疊包緊

將每片煙燻鮭魚與保鮮膜交疊包好，放入保鮮袋後壓出空氣、封口冷凍保存。

適用料理：
- 醃漬
- 沙拉等

蒲燒鰻魚同樣以保鮮膜包好再冷凍

將食材以保鮮膜包緊，放入保鮮袋後排出多餘空氣、封好開口並冷凍保存。

適用料理：
- 鰻魚丼
- 鰻魚煎蛋捲等

適合海鮮加工食品的解凍法有哪些？

冰水解凍 & 冷藏解凍

↓

魩仔魚乾可放冷藏解凍；明太子可使用冰水解凍。

像這些海鮮加工食品不妨都以冷藏解凍法解凍。明太子如果想直接生吃，則推薦使用冰水解凍。而放冷藏解凍相較之下較耗時，如果時間不多，改流水解凍也 OK！

不解凍直接烹調

↓

魩仔魚乾、明太子等食材都可直接調理不解凍。

這兩種食材小量分裝冷凍後，都可以不經解凍直接下鍋烹煮。用在義大利麵、熱炒或炒飯等料理時，先加熱配料，再直接放入冷凍魩仔魚乾、明太子一起翻炒就可以了。

Part 4

新手也能一看就懂！
預調理食譜
豆類·乳製品·雞蛋篇

大家都知道豆類、豆製品、乳製品、蛋類這些食材適合冷凍，
卻不知道如何冰得正確又美味……。
接下來就要為各位介紹這類食材的最佳冷凍法與解凍技巧！

豆類・豆製品・乳製品・雞蛋 調味冷凍要訣

便宜的豆類、豆製品、乳製品、蛋類等食材每天都會用到，也都可以透過醃漬冷凍讓風味升級。一起來充分活用這些食材的特性、好好享受美味吧！

豆類・豆製品的調味冷凍法

STEP1 水煮後裝入保鮮袋
將乾燥豆類洗淨、泡發，再以熱水煮過後瀝乾，裝入保鮮袋。

STEP2 加入調味料醃漬入味
放入調味料揉勻入味，鋪平後冷凍。

油豆腐皮的冷凍保存法
熱水清燙後保留一點水分冷凍
稍微燙過熱水去油，豆皮帶點水分冷凍也 OK。

乳製品的調味冷凍法

STEP1 優格做為醃料使用
優格也可以拿來做調味料使用，再加入鹽、咖哩粉一起能讓食材入味。

STEP2 將食材捏揉均勻後封緊袋口
整包食材均勻壓揉，鋪平後封好開口。

memo 優格可和高糖分的食材一起拌混冷凍
無糖優格直接冷凍會產生分離現象，因此，建議先加點砂糖或拌入果醬，與甜度高的食材一起處理。若再加點鮮奶油，就會變成牛奶雪酪！

雞蛋的調味冷凍法

STEP1 塗一層味噌打底疊上蛋黃
於錫箔杯底抹一層味噌，再鋪上紙巾、疊上蛋黃。

STEP2 再將味噌塗抹於紙巾上
不要將味噌直接塗在蛋黃上，而是塗抹於紙巾。

STEP3 最後將味噌紙巾放在蛋黃上
承上步驟，將味噌面朝上置於蛋黃上，鋪層保鮮膜、蓋上盒蓋即可。

豆類・豆製品・乳製品・雞蛋 解凍・烹調 要訣

這類食材都很容易熟,建議冷凍狀態下直接烹調即可。
優格醃料或冷凍蛋黃可放冷藏解凍;耐水食材則可用流水解凍法。

[不解凍直接烹調]

豆類、豆製品、乳製品和蛋類好煮易熟,直接下鍋就 OK!

醃鷹嘴豆或煮豆皮等料理,經解凍也不易變質、易熟又好煮,所以直接以冷凍狀態烹調即可,簡便又美味。不妨用微波加熱方式做成鷹嘴豆熱沙拉;也可以不解凍,直接入鍋煮成湯品。

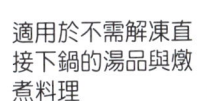

適用於不需解凍直接下鍋的湯品與燉煮料理

將冷凍食材直接下鍋,一下就能輕鬆完成。

微波加熱也能迅速熱呼呼上桌

將食材連保鮮袋一起放入耐熱容器微波,也可以只取要用的量裝進可微波容器內、輕蓋耐高溫保鮮膜後微波加熱,就能馬上享用暖心的美味料理!

[流水・冷藏解凍]

想將食材煎得漂亮,不妨使用這兩種解凍法

優格醃漬的肉類、海鮮食材,若未解凍直接油煎很容易燒焦,建議先放冷藏或流水解凍後再調理。另外像味噌漬蛋黃不能直接以水沖泡解凍,就放冷凍庫解凍吧!要用時只要取需要的量烹調就好。至於可趁冰涼直接食用的鷹嘴豆等豆類食材,不妨用流水解凍。

以平底鍋煎煮時

優格醃漬食材直接下鍋煎容易煎壞,要先解凍再烹調。

做成肉餡時

做肉餡會用到蛋黃,同樣要先解凍再拌勻。

豆類的預調理食譜 Recipe

油漬鷹嘴豆

口感鬆軟爽口的鷹嘴豆可先以水泡開，水煮後再以鹽、胡椒、橄欖油調味後，冷凍保存。

冷凍保鮮 2～3週

鬆軟綿密，讓人一吃就愛上！

材料
鷹嘴豆（乾燥）…1杯
鹽…1小匙
胡椒…少許
橄欖油…2大匙

調味冷凍步驟
1　將鷹嘴豆洗淨，以大量清水浸泡一晚。
2　倒入鍋內開大火煮熟。煮滾後轉小火續煮至軟，時間約30分鐘。並用濾網瀝乾水分。
3　分裝成兩袋，分別加入各1/2量的鹽、胡椒和橄欖油，均勻揉捏入味後靜置放涼。
4　鋪平後，擠出多餘空氣即可壓緊袋口冷凍保存。

適用的解凍法　(P30)　(P31)

只要微波一按，就能馬上開動囉！
綜合辛香料沙拉

材料（2人份）
油漬鷹嘴豆（冷凍）…1袋
綜合辛香料…1小匙
帕瑪森起司…適量

作法
1　將冷凍「油漬鷹嘴豆」鋪上耐高溫保鮮膜，放入耐熱容器微波加熱3分鐘。
2　加入綜合辛香料拌勻，裝盤後撒上帕瑪森起司絲即可。

料理小訣竅
微波加熱就能輕鬆完成！
微波加熱比解凍調理更能保留豆類鬆軟綿密的口感。趁熱與辛香料攪拌均勻是美味關鍵！

適合當早餐的一道料理！
鷹嘴豆番茄湯

材料（2人份）
油漬鷹嘴豆（冷凍）…1袋
洋蔥…1/4個
大蒜…1瓣
培根…2片
A　番茄罐頭…150ml
　　水…300ml
巴西里末…適量

作法
1　洋蔥去皮、大蒜去膜均切碎。培根切成寬度0.5cm細條狀。
2　將冷凍「油漬鷹嘴豆」放入鍋內，加上大蒜、洋蔥、培根，加蓋以中火煮約15分鐘。
3　裝碗後撒上巴西里末裝飾即可。

料理小訣竅
不用解凍，直接煮！
這類食用於湯品時不需解凍。直接入鍋、蓋上鍋蓋燜煮就能完成了！

豆類

豆製品的預調理食譜 Recipe

甜漬油豆腐皮

將油豆腐皮稍微清燙去油，再直接與湯汁一起裝袋冷凍，就能輕鬆運用在各種料理上。

冷凍保鮮 2〜3週

只要微波就能吃到鬆軟多汁的油豆腐皮！

材料
油豆腐皮…4片
A
- 醬油…2大匙
- 味醂…2大匙
- 酒…2大匙
- 砂糖…2小匙

調味冷凍步驟
1. 將油豆腐皮切半，拉開呈袋狀。
2. 取一鍋滾水，將油豆腐皮下水燙30秒，再均分成兩份裝袋。
3. 再取另一鍋將A煮滾後關火，分別加入兩個保鮮袋內。
4. 鋪平並擠出多餘空氣後封好袋口，待餘熱散去再冷凍保存。

適用的解凍法 (P30) (P31)

加熱後記得瀝乾湯汁！
豆皮壽司

材料（2人份）
甜漬油豆腐皮（冷凍）…1袋
煮好的白飯…200g
A
- 醋…1大匙
- 砂糖…1小匙
- 鹽…1/4小匙

作法
1. 「甜漬油豆腐皮」無需解凍，連袋放進耐熱容器，微波加熱3分鐘。
2. 將A倒入白飯均勻攪拌，分成4等分備用。
3. 油豆腐皮放涼後瀝乾湯汁，將白飯填入、調整一下形狀就完成了！

> **料理小訣竅**
> 微波加熱更入味！
> 油豆腐皮經調味冷凍再微波加熱，會更入味好吃。瀝乾湯汁也是一大重點。

冷凍油豆腐皮可直接下高湯烹煮
豆皮烏龍麵

材料（2人份）
甜漬油豆腐皮（冷凍）…1袋
烏龍麵…2球
長蔥（切末）…30g
高湯…800ml
七味粉…少許
A
- 鹽…2/3小匙
- 醬油…1/2大匙
- 味醂…1/2大匙

作法
1. 取一湯鍋加熱高湯後添入A。然後放入冷凍「甜漬油豆腐皮」，稍微解凍後轉中火繼續煮。
2. 取另一鍋滾水將烏龍麵煮好，瀝乾水分裝碗。
3. 放上油豆腐皮、倒入高湯，再以蔥花裝飾，最後依個人口味撒點七味粉即完成。

> **料理小訣竅**
> 前置調味，讓豆皮烏龍麵更好吃！
> 先醃漬再冷凍的油豆腐皮，不用解凍即可直接下高湯煮，一碗好吃的豆皮烏龍麵輕鬆端上桌。

豆製品

乳製品的 預調理食譜
Recipe

優格漬坦都里翅小腿

優格直接放冷凍會呈現上下層分離狀，建議與砂糖或其他調味料混合後再冷凍。

冷凍保鮮 2～3週

和雞肉、海鮮都很對味！

材料
翅小腿…12支

A:
- 無糖優格…100ml
- 洋蔥泥…1大匙
- 番茄醬…1大匙
- 咖哩粉…1大匙
- 蒜蓉…1小匙
- 生薑泥…1小匙
- 砂糖…1小匙
- 鹽…1小匙

調味冷凍步驟
1 將A調勻，分成兩份。將翅小腿均分兩袋，分別加入A，均勻揉捏入味。
2 鋪平後，壓出多餘空氣，封好袋口後冷凍保存。

適用的解凍法　(P30)　(P29)　(P31)

雞翅先解凍才不容易燒焦
坦都里烤雞

材料（2人份）
優格漬坦都里翅小腿（冷凍）…1袋
沙拉油…2小匙
紅葉萵苣·檸檬片（半月形）…適量

作法
1　「優格漬坦都里翅小腿」解凍備用。
2　取平底鍋以沙拉油熱鍋，開中火放入翅小腿。適時翻動使其整體均勻煎熟。再加蓋燜3分鐘至雞肉熟透。
3　起鍋裝盤，擺上洗淨的紅葉萵苣與檸檬片裝飾即可。

料理小訣竅
翅小腿先解凍再煎是關鍵
預先解凍再下鍋煎熟，就能煎得漂亮又美味。開大火煎容易失敗，改中火並記得邊煎邊調整才是正確作法。

做好前置醃漬，就能省去料理步驟！
雞翅湯咖哩

材料（2人份）
優格漬坦都里翅小腿（冷凍）…1袋
南瓜…100g
紅色甜椒…1/2個
綠蘆筍…2枝

A:
- 雞粉（或雞湯粉）…1小匙
- 水…600ml

作法
1　取一湯鍋加熱A，再放入冷凍「優格漬坦都里翅小腿」，加蓋以中火燜煮10分鐘。
2　蔬菜洗淨。南瓜切成1cm厚的片狀；甜椒切塊；綠蘆筍去筋膜，切成3～4段備用。
3　將南瓜放入鍋中與翅小腿一起煮約3分鐘，再加入甜椒與綠蘆筍，繼續煮2分鐘即可。

100

乳製品

雞蛋的預調理食譜 Recipe

味噌漬蛋黃

雞蛋也能冷凍！冷凍後的雞蛋口感會有所不同，運用此一特點便能做成味噌漬蛋黃。剩下的味噌還能用在味噌湯。

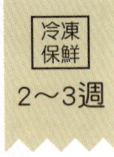

冷凍保鮮 2～3週

以小鋁箔杯分裝，方便使用！

材料
蛋黃…6顆
味噌…6大匙

調味冷凍步驟
1　在鋁箔杯底塗上1/2大匙的味噌，擺上裁切好的小塊紙巾，再疊上蛋黃。接著再放上抹有1/2大匙味噌的紙巾。以同樣步驟做出6個味噌漬蛋黃。
2　放入保鮮盒，覆蓋一層保鮮膜後，蓋上蓋子冷凍保存。

適用的解凍法 (P29)

超入味的濃稠蛋黃！
蛋黃拌飯

材料（2人份）
味噌漬蛋黃（冷凍）…2顆
煮好的白飯…2碗
紫蘇葉…4片
白芝麻…少許

作法
1　將「味噌漬蛋黃」解凍備用。
2　添好2碗白飯，放上蛋黃，紫蘇隨意切絲擺上，最後撒點白芝麻即可。

料理小訣竅
味噌漬蛋黃要用多少就拿多少
想吃幾顆就從冷凍室拿幾顆出來，擺在冷藏室解凍即可。放在熱呼呼的白飯上就完成了！

加入蛋黃，充分揉捏入味
味噌雞肉餅

材料（2人份）
味噌漬蛋黃（冷凍）…2顆
漬蛋黃的味噌…1/2大匙
雞絞肉…200g
長蔥…1/4枝
太白粉…1大匙
沙拉油…1小匙
嫩葉萵苣…適量

作法
1　蔬菜洗淨。「味噌漬蛋黃」解凍。長蔥切碎備用。
2　取一碗放入雞絞肉、蛋黃、味噌、蔥末與太白粉，充分抓揉均勻，並均分6等分，壓成圓餅狀。
3　沙拉油倒入平底鍋加熱，放入肉餅以小火煎烤。上色後翻面，繼續煎3分鐘至全熟。
4　起鍋裝盤，再以嫩葉萵苣點綴擺盤即完成。

雞蛋

103

豆類・豆製品・乳製品・雞蛋 冷凍祕訣

豆、乳、蛋類是我們每天都需要又容易取得的日常食材，所以更要知道如何正確地冷凍保存。以下就分別介紹各項食材的冷凍技巧。

1 直接冷凍

無需前置調理即可直接冷凍。從冷凍庫取出就能運用在各種料理上！

豆渣可直接冷凍
將豆渣直接放入冷凍庫就OK。裝入保鮮袋、平整後擠出空氣，再壓緊開口。不用事先乾炒也無妨。

起司直接裝袋冷凍
起司也可以直接放冷凍。披薩用起司絲直接裝入保鮮袋冷凍保存即可。牛奶則用保鮮容器裝八分滿，蓋上蓋子冷凍。

雞蛋打散後再冷凍
雞蛋雖然可以直接放冷凍，不過若要做成煎蛋捲或歐姆蛋，先將蛋打散、以蛋花形式冷凍保存會更方便！

2 水煮後冷凍

先水煮再冷凍，解凍後就馬上吃，方便省時！做成抹醬再冷凍也行！

豆類先煮好再冷凍
紅豆、黃豆、黑豆、鷹嘴豆等豆類，建議都先煮好後再冷凍。記得瀝乾水分後再裝入保鮮袋。

製成泥再冷凍
以食物調理機或研磨棒將豆類磨成泥後冷凍，就可以用在沙拉或麵包抹醬！

過水去油後再冷凍
油豆皮容易氧化，務必先淋熱水或涮一下熱水去油，並一片片分別用保鮮膜包好冷凍。

3 烹調後冷凍

也可以先燉煮、做成醬料或煎烤料理後，再冷凍起來。

調味燉煮再冷凍
將黃豆加點調味料煮入味，裝入保鮮袋冷凍，就是一道方便的常備食材。分成小分量再冷凍也不錯。

做成白醬再冷凍
牛奶可以直接冷凍，但做成白醬再冷凍其實更方便，除了奶油濃湯外還能做成焗烤，非常好用。

煎成蛋捲再冷凍
雞蛋也可直接放冷凍，不過更推薦的作法是，先煎成蛋捲或歐姆蛋再冷凍。盡量煎平整，並用保鮮膜包妥後放入保鮮袋冷凍即可。

4 打發鮮奶油・混合拌勻後冷凍

不妨換個嘗試，鮮奶油拌入砂糖打發，或水煮蛋切丁做成塔塔醬再冷凍。

鮮奶油擠成奶油花放冷凍
將鮮奶油與砂糖拌勻打發，以擠花袋擠成奶油花放冷凍。可直接加入熱飲享用。

優格與砂糖拌勻再冷凍
先將砂糖加入無糖優格，攪拌均勻後冷凍，可避免優格冷凍後產生的分離現象。

蛋做成塔塔醬再冷凍
水煮蛋不建議直接冷凍。建議作法是，先將水煮蛋切細丁、拌入美乃滋做成塔塔醬再冷凍保存。同樣裝袋後整平，擠出多餘空氣再封好袋口即可。

食材冷凍 技巧

黃豆

全部一起煮熟後
再冷凍吧！

冷凍法① 水煮後冷凍

滾水煮熟 → 裝袋保存

洗淨以清水泡發一晚，再以滾水煮軟，連黃豆水一起靜置冷卻。

瀝乾水分後裝入保鮮袋，擠出多餘空氣，密封保存。

▶推薦作法：黃豆燉雞翅
●將雞翅煎至上色，與解凍黃豆一起放進滷汁燉煮即可。

冷凍法② 調味燉煮後冷凍

燉煮黃豆 → 裝袋保存

將煮熟的黃豆加點調味燉煮，連湯汁一起放涼。

稍微瀝乾湯汁後裝入保鮮袋、壓出多餘空氣再密封保存。

▶推薦作法：直接加熱食用
●解凍後微波加熱即可享用。

memo

湯汁要一起冷凍還是倒掉？

進行黃豆的冷凍前置調理時，你可能會疑惑，湯汁究竟該留還是該丟？基本上，用濾網瀝乾水分才是正確作法，這樣一來不但能快速解凍，也方便掌握每次需要的用量。

赤小豆

水煮、做成豆沙餡
再冷凍都沒問題！

冷凍法① 水煮後冷凍

滾水煮熟 → 與赤小豆水一起裝袋保存

洗淨後以滾水慢慢煮軟，再連赤小豆水一起放置冷卻。

將赤小豆與赤小豆水一起裝入保鮮袋，抽出多餘空氣，封口。

▶推薦作法：赤小豆飯
●將赤小豆解凍後，與赤小豆水、白米和清水一起炊煮即可。

冷凍法② 做成豆餡後冷凍

煮赤小豆餡 → 以保鮮膜包好

於煮好的赤小豆中加入砂糖，加熱熬煮製成赤小豆泥，完成後放涼。

用保鮮膜緊緊包好，裝入保鮮袋、壓出多餘空氣再密封保存。

▶推薦作法：赤小豆萩餅
●在煮好的糯米球外裹上一層赤小豆泥即可，赤小豆泥記得先取出解凍。

memo

乾燥赤小豆可直接冷凍嗎？

乾燥赤小豆若未開封可常溫保存，開封後請裝入保鮮袋改放冷藏室。若放冷凍可以延長保鮮期長達一年，但也有可能讓食材凍傷、影響口感，請稍加留意。

冷凍保鮮 2〜3 週

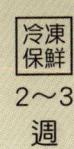

鷹嘴豆

煮熟後冷凍保存
就是方便的常備食材。

冷凍法① 水煮後冷凍

滾水煮熟 → **裝袋保存**

洗淨後以清水泡發一晚，再以滾水煮軟，連煮豆水一起靜置冷卻。

瀝乾水分後裝入保鮮袋，擠出多餘空氣，密封保存。

▶推薦作法：豆豆咖哩
● 冷凍鷹嘴豆可直接與其他食材一起煮，再放入咖哩塊就完成了。

冷凍法② 拌橄欖油冷凍

與橄欖油拌勻 → **直接裝袋保存**

煮熟後的鷹嘴豆撒點鹽、胡椒調味，再與橄欖油混合均勻。

裝入保鮮袋，擠出多餘空氣，再壓緊袋口保存。

▶推薦作法：沙拉
● 解凍後加入喜歡的配料攪拌均勻即可。也可以微波加熱。

冷凍法③ 做成鷹嘴豆泥冷凍

製作鷹嘴豆泥 → **直接裝袋保存**

將鷹嘴豆放入食物調理機製成豆泥，靜置放涼。

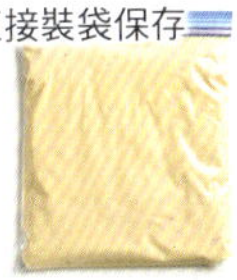

裝進保鮮袋，擠出多餘空氣再封口即可。

▶推薦作法：直接享用
● 解凍後就可以吃，用微波爐加熱也OK。

大紅豆

煮軟後壓成泥
冷凍也很美味！

冷凍法① 水煮後冷凍

滾水煮熟 → **裝袋保存**

洗淨以清水泡發一晚，再以滾水煮軟，連煮豆水一起靜置冷卻。

瀝乾水分後裝入保鮮袋，擠出多餘空氣，密封保存。

▶推薦作法：沙拉、涼拌
● 解凍後與想吃的蔬菜拌勻即可享用。

冷凍法② 水煮後冷凍（豆泥）

搗成泥 → **以保鮮膜包緊保存**

將煮熟的大紅豆以搗泥器壓成泥，靜置後放涼。

用保鮮膜包好後裝入保鮮袋、擠出多餘空氣，封住袋口保存。

▶推薦作法：做成金時抹醬
● 解凍後，與奶油起司、鹽和胡椒混合均勻即可。

冷凍法③ 加糖燉煮再冷凍

加糖熬煮 → **裝袋保存**

將煮熟的大紅豆與鹽、砂糖下鍋燉煮，再連湯汁一起靜置放涼。

稍微瀝乾水分後裝進保鮮袋，擠出多餘空氣，壓緊袋口即可。

▶推薦作法：直接享用
● 解凍後微波加熱即可食用。

蔬菜豆腐丸

重點在
冷凍前先去油。

冷凍法① 去油後冷凍

過水去油 → 以保鮮膜包好

淋上熱水（或稍微過一下熱水），放涼後擠乾多餘水分。

用保鮮膜緊密包好、裝入保鮮袋，壓出多餘空氣後密封保存。

▶推薦作法：燉煮料理

● 將冷凍蔬菜豆腐丸（解凍亦可）下鍋燉滷即可。

冷凍法② 燉煮後冷凍

入鍋燉煮 → 連湯汁一起保存

將蔬菜豆腐丸去油後燉煮入味，再靜置後放涼。

連湯帶料裝入保鮮袋，擠出多餘空氣再封好袋口冷凍保存。

▶推薦作法：直接加熱享用

● 冷凍或解凍皆可，微波加熱後就可以吃了。

memo

油豆腐可以放冷凍嗎？

油豆腐為豆腐高溫油炸製成，近年來以絹豆腐製成的油豆腐也備受消費者喜愛。但冷凍會破壞豆腐口感，故不建議冷凍保存，油豆腐亦然。若將豆腐冷凍，解凍後口感會略顯粗硬、近似凍豆腐，因此不推薦把豆腐放冷凍。

油豆腐皮

最適合冷凍
保存的黃豆製品。

冷凍法① 去油後冷凍

過水去油 → 以保鮮膜包好

淋上熱水（或稍微過一下熱水），放涼後擠出多餘水分。

用保鮮膜緊密包好後裝入保鮮袋，擠出多餘空氣，密封保存。

▶推薦作法：烤豆腐皮

● 將油豆腐皮解凍（未解凍亦可），置於烤網烤熟即可。

冷凍法② 滷入味後冷凍

煮至甜鹹入味 → 以保鮮膜緊密包好

油豆腐皮去油後入鍋煮至滷汁收乾、甜鹹入味後靜置放涼。

用保鮮膜包好後裝入保鮮袋，擠出多餘空氣再壓緊袋口保存。

▶推薦作法：豆皮烏龍麵

● 將冷凍油豆腐皮放入烏龍麵高湯煮軟。也可用微波爐加熱。

memo

**油豆腐皮過水去油後切絲
再冷凍，要用方便又省事**

油豆腐皮若直接放冷凍，其中所含的油分容易氧化，導致食材走味，也容易吸附異味，因此切記先過水去油。接著再將油豆腐皮切絲放入保鮮袋冷凍保存，之後就可以用多少拿多少，相當方便。

108

冷凍保鮮 2～3 週

納豆

納豆最適合冷凍保存！

冷凍法①　直接冷凍

撕掉外層封膜 → 連包裝盒一起冷凍

將納豆的產品外包裝撕除。

未拆封直接裝袋冷凍保存。所附的高湯包與黃芥末也可以一起冷凍。

▶推薦作法：直接食用
- 解凍就可以吃了！

memo

冷凍會影響納豆所含的納豆菌嗎？

納豆為黃豆發酵製成，很適合冷凍，可說相當方便，不過冷凍會不會影響到納豆菌呢？其實納豆菌在低溫冷凍下會進入休眠狀態，沒那麼容易被消滅，因此可安心冷凍。

memo

豆奶可以冷凍嗎？

寶特瓶裝豆奶若全新未開封，則可以直接冷凍保存。若已開封，請依每回用量以保鮮容器分裝再冷凍。解凍時可放冷藏或以冰水解凍。若出現沉澱現象，搖均勻仍可安心飲用。

豆渣

直接冷凍保存也不易變質。

冷凍法①　直接冷凍

每100g裝一袋 → 擠出多餘空氣

以每袋 100g 的量一一分裝。

將保鮮袋鋪平後擠出多餘空氣，壓緊袋口保存。以保鮮膜包成小包裝也 OK。

▶推薦作法：燉煮料理
- 將豆渣解凍（未解凍亦可），再下湯鍋燉煮即可。

冷凍法②　調味後冷凍

預先調味 → 以保鮮膜緊緊封好

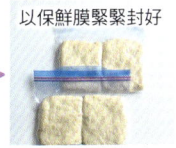

加入美乃滋或醋拌勻入味。

用保鮮膜包好後裝入保鮮袋，擠出多餘空氣，再封好袋口保存。

▶推薦作法：涼拌沙拉
- 將豆渣解凍，拌入想吃的蔬菜就可以了。

memo

可先炒好豆渣再冷凍嗎？

豆渣的製造過程中已有一道加熱程序，所以無需再下鍋炒一次。但是，將豆渣先炒再煮，接著放冷凍保存就是個不錯的方式，同樣分成小份再以保鮮膜包好、放入保鮮袋冷凍即可。

食材冷凍 技巧

起司・奶油

每種起司都有不同的冷凍訣竅喔！

冷凍法① 直接冷凍（起司）

連罐子一起保存

未開封的起司粉可以直接放進冷凍室。開過的起司粉就要裝入保鮮袋，擠出空氣再冷凍。

單片包裝冷凍

單片裝的起司可以直接裝袋、擠出多餘空氣後封好再冷凍。拆封過的起司片就要用保鮮膜先包好再裝袋保存。

直接裝入保鮮袋

披薩用起司絲可直接裝入保鮮袋、壓出空氣後封好袋口冷凍。也可分裝成小份，再以保鮮膜包好保存！

分切小塊，以保鮮膜包好冷凍

大塊起司可視用途分切成小塊，再以保鮮膜緊緊包好、裝入保鮮袋，壓出多餘空氣後封好冷凍。

▶推薦作法：香烤起司吐司

● 將冷凍起司（或依需求適量解凍）鋪在吐司上，以烤箱烘烤即可。

冷凍法② 切成奶油塊冷凍（每塊10g）

一顆顆仔細包好

將奶油切成方塊狀，每塊10g，再用保鮮膜仔細包好。

裝入保鮮袋冷凍

將奶油塊裝入保鮮袋，擠出空氣封緊開口再冷凍。

▶推薦作法：熱炒料理

● 奶油塊解凍（冷凍也可以），放入鍋內與其他食材熱炒。

牛奶

解凍後搖勻飲用風味不變。

冷凍法① 裝入保鮮盒冷凍

倒入保鮮盒

把要用的量裝入保存容器內，大約八分滿即可。

蓋上盒蓋

將保鮮盒蓋緊，再放入保鮮袋冷凍。

▶推薦作法：濃湯

● 牛奶解凍後搖晃均勻，加入其他配料一起煮成濃湯。

冷凍法② 倒入製冰盒冷凍

裝入製冰盒

取一附蓋子的製冰盒，倒入約八分滿的牛奶。

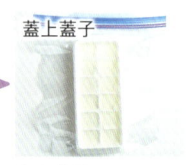

蓋上蓋子

將盒蓋蓋緊，裝入保鮮袋後封好袋口冷凍保存。

▶推薦作法：餅乾

● 將牛奶解凍並攪拌均勻，再加入其他餅乾材料一起烘烤。

冷凍法③ 做成奶油白醬後冷凍

製作奶油白醬

將奶油、麵粉、牛奶等混合均勻煮成白醬，完成後放涼。

直接裝入保鮮袋

將奶油白醬裝入保鮮袋，壓出多餘空氣封好冷凍。

▶推薦作法：香濃燉飯

● 白醬取出解凍後淋在炒好的燉飯材料上，再放入烤箱烘烤就完成了。

冷凍保鮮 2～3 週

優格

加點甜味就能避免產生分離現象。

冷凍法① 加入果醬後冷凍

加點果醬 → 裝進保鮮盒

在無糖優格中加點果醬或砂糖拌勻。

將優格直接裝進保鮮盒，加蓋密封保存。

▶推薦作法：直接食用

●解凍後就能吃。也可以冷凍直接食用。

冷凍法② 製成霜凍優格冷凍

做成霜凍優格 → 裝入保鮮盒保存

將砂糖或鮮奶油加入優格中拌勻，再製成霜凍優格。

將拌糖的優格直接裝進保鮮盒，蓋上蓋子密封保存。

▶推薦作法：直接享用

●不妨直接品嚐具冰淇淋口感的冷凍優格。加點水果風味更佳。

memo

含糖優格可直接連包裝冷凍

無糖優格直接放冷凍會產生分離現象，所以不建議這麼做。但若是市售的含糖或低糖優格，直接盒裝放冷凍也不用擔心分離，冷藏解凍後也一樣好吃。不解凍直接吃還能享受到霜凍優格的美味。

鮮奶油

不妨先打發再冷凍！

冷凍法① 打發後冷凍

將鮮奶油打發 → 直接裝袋保存

加入砂糖，持續打發至呈現尖角挺立的狀態即可。

將打發完成的鮮奶油裝進保鮮袋，擠出空氣後封好冷凍。

▶推薦作法：蛋糕裝飾用

●解凍後用於蛋糕甜點裝飾。請避免使用流水解凍。

冷凍法② 打發後冷凍（擠花）

擠奶油花 → 放入保鮮袋

將鮮奶油於保鮮容器內擠成花狀，蓋上蓋子後放冷凍。

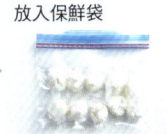

待奶油花結凍後再一起裝入保鮮袋，壓出多餘空氣後封好保存。

▶推薦作法：維也納咖啡

●將冷凍（或取要用的量解凍）的鮮奶油花加入咖啡即可。

memo

推薦喝法：在熱呼呼的咖啡、紅茶加入鮮奶油享用

加入砂糖打發再冷凍保存的鮮奶油，是搭配熱飲的好選擇，例如將冰凍鮮奶油花放進暖呼呼的咖啡，就成了一杯維也納咖啡；若是加進紅茶，就馬上搖身一變為一杯香醇可口的奶茶！

食材冷凍 技巧

蛋

生蛋也能直接冷凍！
或先做成各種蛋料理再冷凍起來也超方便。

冷凍法③　做成炒蛋冷凍

做成炒蛋 → 以保鮮膜緊緊封好

直接拌炒後放涼。加點牛奶或奶油做成美式炒蛋也很 OK！

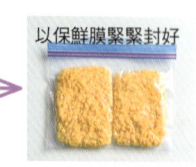

用保鮮膜包好後裝入保鮮袋，擠出多餘空氣，再封好袋口保存。

▶推薦作法：直接享用
● 微波加熱就可以開動了。

冷凍法①　生鮮直接冷凍（打散）

將雞蛋打散 → 直接裝盒保存

把蛋打入碗中，用筷子均勻打散成蛋液。

將蛋液倒進保鮮盒，蓋緊蓋子後冷凍。

▶推薦作法：歐姆蛋
● 解凍後攪拌均勻，稍微調味後再煎熟即可。

冷凍法④　做成煎蛋捲冷凍

薄煎蛋捲 → 以保鮮膜緊密封好

煎成厚度較薄的蛋捲，靜置放涼。

用保鮮膜包好後裝入保鮮袋，擠出多餘空氣，壓緊開口保存。

▶推薦作法：直接食用
● 微波加熱即可享用。

冷凍法②　生鮮直接冷凍（蛋清）

分離蛋黃與蛋白 → 直接裝盒保存

打蛋並將蛋黃與蛋白分離。

將蛋白部分倒進保鮮盒，蓋緊蓋子後冷凍保存。

▶推薦作法：蛋白霜
● 將蛋清解凍後加入砂糖打發即可。

冷凍法⑤　做成歐姆蛋冷凍

製作歐姆蛋 → 以保鮮膜緊緊封好

依照分量烘煎歐姆蛋，靜置待餘溫散去。做成小 size 當便當配菜也可以。

用保鮮膜包好後裝入保鮮袋，擠出多餘空氣，再封好袋口。

▶推薦作法：直接享用
● 微波加熱就可以吃了！

memo

雞蛋可以帶殼冷凍嗎？

一般人多認為生雞蛋不能直接放冷凍，但近期有研究表示，雞蛋在冷凍後，蛋黃會產生不同於以往的絕妙口感，因此大力推薦雞蛋冷凍保存。冷凍時不妨連包裝一起放冷凍。詳細作法請參照本書 P114。

冷凍保鮮 2～3 週

蛋

做成各種蛋料理冷凍備用，
無論帶便當、當早餐都能快速又方便。

冷凍法⑧ 做成蛋沙拉冷凍

製作雞蛋沙拉 → 直接裝入保鮮袋

將水煮蛋切小丁，拌入鹽、胡椒與美乃滋調味。

將蛋沙拉裝入保鮮袋，擠出多餘空氣，封好袋口保存。

▶推薦作法：蛋沙拉三明治
●解凍後充分攪拌均勻，再夾進吐司就完成。

冷凍法⑥ 煎成蛋皮冷凍

薄煎蛋皮 → 以保鮮膜緊密封好

先煎出輕薄的蛋皮，放涼後以保鮮膜一片片交疊包好。

用保鮮膜包緊後裝入保鮮袋，擠出多餘空氣，壓緊開口保存。

▶推薦作法：蛋包飯
●取要用的量解凍後，包覆於雞肉炒飯外層即可。

冷凍法⑨ 做成塔塔醬冷凍

製作塔塔醬 → 直接裝入保鮮袋

將水煮蛋與醃黃瓜丁、巴西里末拌勻做成塔塔醬。

將塔塔醬裝進保鮮袋，壓出多餘空氣再封好保存。

▶推薦作法：佐炸物
●解凍後攪拌均勻，添在油炸料理上即完成。

冷凍法⑦ 做成蛋絲冷凍

做成蛋絲 → 以保鮮膜緊緊封好

將放涼後的蛋皮整齊疊好切成絲。

用保鮮膜包好後裝入保鮮袋，擠出多餘空氣，再封好袋口保存。

▶推薦作法：散壽司
●解凍後適量撒於散壽司即可。

memo

水煮蛋可以直接冷凍嗎？

用在便當菜或沙拉都很方便的水煮蛋，若拿去冷凍，蛋白會縮成海綿狀，並不適合冷凍。但若切細丁以蛋沙拉等方式冷凍，就可以不用擔心影響口感。

memo

冷凍蛋料理可以直接裝便當帶出門嗎？

像薄煎蛋捲冷凍後一樣可以很好吃，不過還是不建議直接裝進便當內。原因在於自然解凍會降低料理口感，因此不妨改用冷藏、微波加熱或泡熱水解凍！

Column 4

冷凍雞蛋的調理技巧

近期有研究顯示，雞蛋冷凍後口感雖然不同還是一樣很好吃。
連蛋殼都能一起冷凍，簡單又美味！
現在就一起來學習冷凍雞蛋特有的美味吃法，好好運用在料理上吧！

> 雞蛋冷凍後口感會產生變化，卻能從中發現全新風味！

冷凍雞蛋移到冷藏室解凍，蛋白會恢復原狀；蛋黃口感則會更加濃稠、溫潤。這是由於蛋黃中的蛋白質在冷凍時所產生的凝集現象，讓蛋黃構造跟著改變所形成的特殊口感！

用冷凍雞蛋來做 荷包蛋

煎冷凍雞蛋時蛋白不會有太大差異，但蛋黃直到熟透仍會維持圓球狀，並帶有冷凍蛋黃的黏稠Q潤口感。

將解凍後的雞蛋打入預熱好的平底鍋。

加入少量的水，加蓋燜約2分鐘。

煎好後蛋白風味不變，蛋黃則會產生濃潤的新口感！

用冷凍雞蛋來做 醬醃蛋黃

蛋黃也可以醃得很夠味。解凍後的蛋黃外膜會因破損產生縫隙，更能讓調味料滲入其中。

打一顆解凍雞蛋，並將蛋黃蛋白分離。

蛋黃裝入保鮮容器，再倒入適量醬油醃個半天至一晚，並請在當天食用完畢。

Part 5

吃出美味又不浪費！
預調理食譜
蔬菜篇

把蔬菜放冷凍庫，最後總是變得水水爛爛、風味盡失？
要留住蔬菜原有的口感其實還真不容易，
請做好前置處理、掌握正確的解凍技巧！

蔬菜 調味冷凍 要訣

一般都認為蔬菜很難保存得好又不走味，不過只要多花一點點心思，就能漂亮化解蔬菜的解凍與冷凍難題。現在就一起來一探究竟吧！

揉鹽 調味冷凍法

STEP1 揉鹽後瀝乾水分
將高麗菜切小塊後與鹽抓揉均勻，瀝乾水分備用。

STEP2 加入調味料醃漬入味
倒入橄欖油等調味料，裝入保鮮袋保存。

番茄冷凍保存法
以食物調理機打成泥後調味冷凍
將番茄泥調味後冷凍保存，日後可做為醬料使用。

汆燙 調味冷凍法 ①

STEP1 蔬菜切小塊略煮
彩椒等蔬菜略微燙熟，過冰水冷卻後擦乾多餘水分（汆燙）。

STEP2 加入調味料醃漬入味
拌入油、調味料之後稍微抓醃，使整體入味均勻。

STEP3 裝入保鮮袋冷凍保存
取一淺盤鋪上烘焙紙，將蔬菜放入鋪平，再用保鮮膜包好冷凍。冷凍後再裝入保鮮袋保存。

汆燙 調味冷凍法 ②

STEP1 稍微燙熟後靜置待餘溫散去
將蘆筍、秋葵等蔬菜略微燙熟，以冰水冷卻後擦乾水分放涼。

STEP2 裝入保鮮袋，並以調味料醃漬
裝進保鮮袋、加入調味料調味，鋪平後再冷凍。

memo
大原則就是將食材放涼後再冷凍

一定要待食材餘熱全部散去，才能放進冷凍庫保存。若食材還留有餘溫，會讓冷凍庫溫度上升，而食材也會因溫度變化釋出多餘水分，導致容器內側或盒蓋結霜。

蔬菜 解凍・烹調 要訣

蔬菜含有較多水分，放冷凍容易產生大顆冰晶、使食物細胞受損，因此，如何正確解凍很重要。以下介紹一些能讓蔬菜美味留住的實用解凍法！

不解凍直接烹調

適用於湯品、燉煮或製成醬料

只需要將冷凍蔬菜放入平底鍋或湯鍋，上蓋燜煮，就能完成一道道燉煮料理或湯品。若要拌入蔬菜泥、做成義大利麵茄汁醬，不妨直接冷凍下鍋並稍微煮至收乾。如果想直接加熱吃，放進熱水中解凍即可。

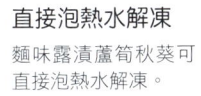

直接泡熱水解凍

麵味露漬蘆筍秋葵可直接泡熱水解凍。

義大利麵醬解凍時記得煮至收乾

建議冷凍直接下平底鍋，煮到湯汁稍微收乾再下麵會更好吃！

流水・冷藏解凍

事先汆燙就無需再冰水解凍

蔬菜冷凍最常用的方式除了先汆燙外，就是揉鹽調味好再冷凍保存。一般不會直接將生鮮蔬菜直接放冷凍，所以解凍時不會選擇冰水解凍法，而是用流水或放冷藏解凍。解凍後將多餘水分擦乾、依料理進行調味即可。

蔬菜佐薄切冷盤（Carpaccio）時

生肉片上撒醃漬冷凍的彩椒丁，再蓋上保鮮膜放冷藏室解凍。

常溫解凍也 OK

蔬菜經醃漬冷凍後較不易變質，可直接置於常溫解凍。

蔬菜的預調理食譜
Recipe

蔬菜番茄泥

將生鮮番茄、洋蔥與大蒜以食物調理機打成泥，調味後冷凍保存。解凍調理時煮至湯汁收乾，美味茄汁輕鬆完成！

冷凍保鮮 2～3週

若沒有食物調理機，改用磨泥器也OK！

材料
番茄…6顆（每顆約150g）
洋蔥…半個
大蒜…2瓣
A ┌ 鹽…1又1/2小匙
　├ 胡椒…少許
　└ 橄欖油…1大匙

調味冷凍步驟
1　將番茄、洋蔥、大蒜放入食物調理機打成泥狀（或磨成泥）並混合均勻。
2　加入A拌勻，均分成兩份裝袋。
3　壓出空氣鋪平，闔緊袋口後冷凍保存。

適用的解凍法　(P30)　(P29)　(P31)

不用解凍直接加熱即可完成茄汁淋醬
茄汁高麗菜捲

材料（2人份）
蔬菜番茄泥（冷凍）…1袋
高麗菜……4片
A ┌ 綜合絞肉…300g
　├ 洋蔥（切丁）…1/4個
　├ 麵包粉…2大匙
　└ 牛奶…1大匙
　　蛋液…1大匙
　　鹽、胡椒…少許
　　雞粉（顆粒）…1/2小匙

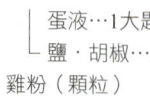

作法
1　高麗菜洗淨，用鹽水燙熟備用。
2　將A放入碗中抓勻後均分成4等分，捏成橢圓形。再取高麗菜葉將內餡包好，兩端以牙籤等輔助固定。
3　取一鍋放入冷凍「蔬菜番茄泥」，接著加入高麗菜捲，撒點雞粉。上蓋以中火燜約5分鐘待蔬菜番茄泥解凍，稍微拌勻使食材入味後，再蓋上鍋蓋煮10分鐘就完成。

滿載新鮮原味的特製茄汁醬
香濃茄汁義大利麵

材料（2人份）
蔬菜番茄泥（冷凍）…1袋
義大利麵…200g
培根厚切…60g
巴西里末…適量

作法
1　將冷凍「蔬菜番茄泥」放入平底鍋開中火加熱。番茄泥會由邊緣開始退冰，所以要攪拌均勻到整體都加熱解凍為止。
2　培根切成寬1cm的條狀，加入番茄泥中，煮5分鐘至湯汁收乾。
3　起另一鍋以鹽水煮義大利麵，煮好後瀝乾水分。再放入番茄醬料中拌勻。
4　起鍋裝盤，撒上巴西里末裝飾即完成。

料理小訣竅
冷凍直接煮至收乾是關鍵
冷凍蔬菜泥解凍後還是含有很多水分，所以下鍋加熱時，請煮到湯汁收乾，才不會讓料理的風味減損。

蔬菜

蔬菜的預調理食譜

Recipe

檸檬橄欖甜漬彩椒

彩椒是很適合冷凍的食材，不過蔬菜冷凍後口感多少會受到影響，還是建議水煮汆燙後冷凍。

冷凍保鮮 2～3週

可撒在沙拉或薄切冷盤做為點綴！

材料

紅椒…1個
黃椒…1個

A ┌ 巴西里末…1小匙
　├ 鹽…1小匙
　└ 胡椒…少許
　　檸檬汁…1大匙
　　橄欖油…1大匙

調味冷凍步驟

1　將彩椒洗淨，切成0.5cm的丁狀，燙熟後過冰水，瀝乾水分備用。
2　彩椒丁與A於碗中拌勻。
3　取一淺盤鋪上烘焙紙，將調味好的彩椒丁放入鋪平，再用保鮮膜覆蓋冷凍。中途撥散再繼續冷凍。
4　結凍後裝入保鮮袋，壓出空氣鋪平後冷凍保存。

適用的解凍法　(P30)　(P29)　(P31)

生魚片鋪上冷凍彩椒丁再放冷藏解凍
義式薄切冷盤

材料（2人份）
檸檬橄欖甜漬彩椒（冷凍）…100g
白肉魚生魚片…一塊（約150g）
鹽・胡椒…少許

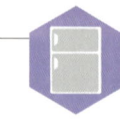

作法
1　生魚片斜切片後裝盤，撒上鹽、胡椒調味。
2　撒上冷凍「檸檬橄欖甜漬彩椒」，蓋上保鮮膜後放冷藏解凍即可。

料理小訣竅
一次完成解凍甜漬彩椒與生魚片冷藏！
於生魚片撒上事先調味的冷凍彩椒丁，再蓋上保鮮膜放冷藏，這樣就能同時冷藏生魚片並解凍彩椒丁，一舉兩得！

使用流水或冷藏解凍，風味不變！
彩椒起司沙拉

材料（2人份）
檸檬橄欖甜漬彩椒（冷凍）…100g
莫札瑞拉起司…100g
生火腿…90g
羅勒葉…6片

作法
1　「檸檬橄欖甜漬彩椒」解凍備用。
2　將莫札瑞拉起司、生火腿和洗淨羅勒葉切成適當的大小。
3　將材料稍微拌勻即完成。

料理小訣竅
生食建議使用流水解凍或冷藏解凍法
汆燙過的冷凍蔬菜使用流水或冷藏解凍即可。若時間不夠，選擇流水解凍會比較省時省力。

蔬菜

121

蔬菜的預調理食譜 Recipe

鹽漬什錦蔬菜

高麗菜與小黃瓜這兩種蔬菜都適合醃入味再冷凍保存。不妨先以鹽抓醃，做成鹽漬蔬菜備用吧！

冷凍保鮮 2〜3週

涼拌、沙拉皆可！

材料
- 高麗菜…200g
- 小黃瓜…1條
- 洋蔥…1/2個
- 鹽…1小匙
- A｜醋…2小匙
　　｜橄欖油…1大匙
　　｜胡椒…少許

調味冷凍步驟
1. 高麗菜洗淨切塊，長寬約3cm；小黃瓜洗淨切小段，洋蔥去皮剖半後順紋切絲備用。
2. 將蔬菜放入碗中加鹽攪拌均勻，靜置10分鐘後瀝乾多餘水分。
3. 再將A倒入混合均勻後平分成兩袋。
4. 鋪平整後壓出空氣，冷凍保存。

適用的解凍法：(P30)　(P29)　(P31)

一次吃到多種蔬菜口感
煙燻鮭魚冷麵

材料（2人份）
- 鹽漬什錦蔬菜（冷凍）…100g
- 煙燻鮭魚…50g
- 蝴蝶麵…50g
- 酸豆…1大匙

作法
1. 「鹽漬什錦蔬菜」先解凍，煙燻鮭魚撕成適口大小備用。
2. 取一鍋以鹽水煮蝴蝶麵，煮好後過冷水再瀝除水分。
3. 將什錦蔬菜的多餘水分瀝掉，與煙燻鮭魚、酸豆及蝴蝶麵拌勻即可享用。

料理小訣竅
蔬菜解凍後記得瀝除多餘水分
蔬菜容易出水，因此若想直接吃調味冷凍蔬菜，務必於流水或冷藏解凍完成後瀝乾水分。

佐嫩煎魚排或雞腿等也超級搭！
香煎雞腿佐鹽漬蔬菜

材料（2人份）
- 鹽漬什錦蔬菜（冷凍）…1袋
- 雞腿肉…2塊（每塊約200g）
- 迷迭香…1枝
- 鹽…1小匙
- 黑胡椒粒…少許
- 橄欖油…2小匙

作法
1. 「鹽漬什錦蔬菜」解凍備用。
2. 雞腿肉撒上鹽、黑胡椒調味。橄欖油倒入平底鍋加熱後放入迷迭香，再將雞皮朝下放入，以中火煎熟。上色後翻面，繼續煎到雞肉熟透。
3. 起鍋並與瀝乾水分的什錦蔬菜一起裝盤即可。

料理小訣竅
若蔬菜不夠味，可視情況調整
蔬菜冷凍後易出水，因此必須將水分去除乾淨再調理。如果試過味道還是覺得太淡，可再自行斟酌調整。

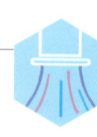

122

蔬菜

蔬菜的預調理食譜
Recipe

麵味露漬雙蔬

將蘆筍與秋葵水煮汆燙後，以麵露浸漬入味再冷凍。入味透徹的蘆筍與秋葵，直接吃就很好吃。

冷凍保鮮 2～3週

醃漬涼拌或做成肉捲都超美味！

材料
綠蘆筍…6條
秋葵…8根
A ┌ 麵味露（3倍稀釋）…2大匙
　 ├ 醋…2小匙
　 └ 水…4大匙

調味冷凍步驟
1. 蔬菜洗淨。蘆筍去筋去根，對半切段。秋葵去蒂頭後抹鹽，來回搓滾去除絨毛，再以清水稍微沖洗。
2. 將蘆筍與秋葵以熱水30秒燙熟，過冰水後瀝乾。接著均分成兩袋裝好。
3. 趁餘熱尚存，將A分別倒入蔬菜袋中並靜置放涼。
4. 待食材完全冷卻，鋪平後壓出多餘空氣，放入冷凍庫保存。

適用的解凍法 (P30) (P29) (P31)

不用解凍，熱水加熱就可以吃！
涼拌雙蔬

材料（2人份）
麵味露漬雙蔬（冷凍）…1袋
柴魚…5g
白芝麻…1/2小匙
薑泥…1/2小匙

作法
1. 「麵味露漬雙蔬」浸泡熱水5分鐘解凍。
2. 盛盤，擺上柴魚、白芝麻與薑泥綴飾即完成。

料理小訣竅
涼拌食材不妨泡熱水解凍
加熱就能直接吃的料理，可將裝有食材的保鮮袋置於熱水中，解凍、調理一次完成。但要注意別泡太久，避免蔬菜口感過於軟爛。

帶便當就用這道！
青蔬牛肉捲

材料（2人份）
麵味露漬雙蔬（冷凍）…1袋
牛肉片…10片（約120g）
沙拉油…1小匙
鹽・胡椒…少許

作法
1. 先將「麵味露漬雙蔬」半解凍。
2. 牛肉片攤平，撒上鹽、胡椒調味，擺上去除多餘水分的兩種蔬菜捲好固定。
3. 取一平底鍋倒入沙拉油中火熱鍋，將肉片接合處朝下放入鍋內，翻煎至全熟即可。

料理小訣竅
秋葵和蘆筍半解凍再調理是美味關鍵！
將秋葵與蘆筍以流水或冷藏半解凍，擦乾多餘水分後做成肉捲，接著只要煎一下就能輕鬆上桌囉！

蔬菜

蔬菜 冷凍 祕訣

能充分品嚐當季蔬菜的新鮮美味又不浪費食材的最佳方式，就是冷凍保存。
現在起就將這些美味冷凍的訣竅熟記並加以活用吧！

1 直接冷凍・調味冷凍

蔬菜若要直接冷凍，建議先揉鹽或以醃料入味再冷凍保存。

直接冷凍
小番茄可去蒂頭後直接冷凍。冷凍後再泡水便可輕鬆剝除表皮。接著以醃料浸泡，就能完成醃漬蕃茄。

以鹽抓醃後冷凍
小黃瓜加鹽抓揉入味後瀝除多餘水分，再分成小份以保鮮膜包好，裝進保鮮袋保存即可。解凍後仍能保有爽脆口感。

加醃汁入味後冷凍
將醃汁煮滾後關火，放入蔬菜。連凍帶料一起裝入保鮮袋鋪平封緊。解凍後就能吃到充分入味的蔬菜！

2 水煮後冷凍

先處理好再水煮汆燙備用，是蔬菜冷凍的基本功。

直接下鍋水煮再冷凍
花椰菜可放入熱水燙 20～30 秒至熟。過冰水再瀝乾後，以保鮮膜包好裝袋保存。

微波加熱後冷凍
洋蔥可切薄片放微波加熱。加熱後同樣過冰水、瀝乾水分，再以保鮮膜包好入袋，冷凍保存即可。

搗成泥冷凍
馬鈴薯或芋頭不妨煮熟後壓成泥再冷凍，解凍後口感不變，一樣好吃。

3 煎烤冷凍・拌炒冷凍

先以煎烤、半炸半煎或鐵網烘烤等方式烹調後再冷凍。

切片煎熟後冷凍
將南瓜切薄片，油煎後放涼，再用保鮮膜包緊裝袋冷凍。加入咖哩一起吃可為咖哩增色不少喔！

半煎炸再冷凍
不妨將茄子以油量多的方式半煎炸，完成後靜置待餘熱散去，再以保鮮膜包好裝袋冷凍。可應用在麻婆豆腐、味噌湯等料理。

烤過再冷凍
甜椒可放烤網烤至表皮微焦，過冰水後去皮，最後切成小塊冷凍即可。由於口感不受影響，加醃料醃漬也一樣好吃。

4 燉煮後冷凍

將食材一次煮好再放涼冷凍，就能輕鬆搞定便當菜色！

糖煮蜜地瓜
地瓜加糖燉煮，再以保鮮膜包好裝進保鮮袋冷凍保存。解凍可採流水解凍，輕鬆省時。裝便當或當下飯小菜皆適宜。

奶油糖漬蘿蔔
將紅蘿蔔切棒狀，與奶油、砂糖一起煮入味，完成後用保鮮膜包好入袋冷凍。也可佐西式料理。

甜鹹燉苦瓜
苦瓜切片加入醬油、味醂、砂糖等調味燉煮，再以保鮮膜包好裝進保鮮袋冷凍。煮得濃郁入味的苦瓜耐放又不易變質。

食材冷凍 技巧

小松菜

水煮較不易產生浮渣，
是適合冷凍的蔬菜。

冷凍法① 汆燙後冷凍

快速汆燙 → **以保鮮膜緊密封好**

小松菜洗淨切段，放入鹽水燙熟後過冰水，再瀝乾多餘水分。

用保鮮膜包緊後裝入保鮮袋、擠出多餘空氣，壓緊開口保存。

▶推薦作法：味噌湯
- 將冷凍小松菜直接放進煮滾的高湯，上蓋燜煮，最後放入味噌即可。

冷凍法② 略炒後冷凍

與大蒜拌炒 → **以保鮮膜緊緊封好**

小松菜洗淨切段，倒入沙拉油並加入大蒜拌炒，放涼備用。

用保鮮膜包好後裝入保鮮袋，擠出多餘空氣，再封好袋口保存。

▶推薦作法：加熱直接食用
- 放微波加熱3分鐘即可。亦可整袋浸熱水解凍加熱。

memo

小松菜適合直接冷凍嗎？

烹煮時較不易產生雜質的小松菜可直接冷凍，只要大略切段、裝進保鮮袋壓出空氣封好即可。要用時只要從冷凍室取出想煮的量，直接放進煮滾的高湯或滷汁內就可以了。也可加入各式調味涼拌享用。

高麗菜

預先汆燙或
調味冷凍都行！

冷凍法① 揉鹽冷凍

加鹽抓醃 → **以保鮮膜緊密封好**

高麗菜洗淨切絲加鹽抓揉，靜置片刻再瀝除多餘水分。

用保鮮膜包緊後裝入保鮮袋、擠出多餘空氣，壓緊開口保存。

▶推薦作法：生菜沙拉
- 解凍後徹底擦乾水分，加點調味做成沙拉。

冷凍法② 汆燙冷凍

稍微燙熟 → **以保鮮膜緊緊封好**

均切成小條狀後以熱水汆燙，再過冰水並瀝乾。

用保鮮膜包好後裝入保鮮袋，擠出多餘空氣，再封好袋口保存。

▶推薦作法：涼拌
- 解凍後拌入調味料。微波加熱也OK！

冷凍法③ 略炒後冷凍

稍微快炒 → **以保鮮膜緊密包好**

高麗菜切成適口大小，下鍋以沙拉油翻炒。完成後靜置放涼。

用保鮮膜包好後裝入保鮮袋，擠出多餘空氣再壓緊袋口保存。

▶推薦作法：熱湯
- 取一湯鍋煮滾，直接放入冷凍高麗菜上蓋燜煮即可。

冷凍保鮮 2～3 週

菠菜

汆燙冷凍菠菜用途多多！

冷凍法① 水煮後冷凍（略切丁）

燙熟後切丁 → 以保鮮膜緊密封好

將菠菜洗淨以鹽水汆燙，過冰水後瀝除多餘水分。接著略切成 0.3～0.4cm 細丁。

用保鮮膜包緊後裝入保鮮袋、擠出多餘空氣，壓緊開口保存。

▶推薦作法：炒飯

● 熱油鍋，放入冷凍菠菜後上蓋燜至解凍，再加入其他配料與白飯拌炒即可。

冷凍法② 水煮後冷凍（略切段）

燙熟後切段 → 以保鮮膜封緊

將菠菜以鹽水汆燙，過冰水後瀝乾水分略切成段。

取保鮮膜包緊後裝入保鮮袋，擠出多餘空氣封好保存。

▶推薦作法：味噌湯

● 將冷凍菠菜直接放進煮滾的高湯，上蓋燜煮，最後拌入味噌就完成了。

冷凍法③ 略炒後冷凍

迅速翻炒 → 以保鮮膜緊緊封好

菠菜洗淨、切段，與奶油拌炒後放涼。

用保鮮膜包好後裝入保鮮袋，擠出多餘空氣，再封好袋口保存。

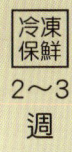

▶推薦作法：加熱直接食用

● 連保鮮袋一起浸泡熱水解凍加熱。微波亦可。

白菜

趁新鮮先汆燙冷凍吧！

冷凍法① 揉鹽冷凍

加鹽抓醃 → 以保鮮膜緊密封好

白菜洗淨切小段加鹽抓揉，靜置片刻再瀝除多餘水分。

用保鮮膜包緊後裝入保鮮袋、擠出多餘空氣，壓緊開口保存。

▶推薦作法：湯品

● 取一湯鍋煮滾，放入冷凍白菜，蓋上鍋蓋燜煮即可。

冷凍法② 汆燙冷凍

稍微燙熟 → 以保鮮膜封緊

白菜洗淨切成小條狀後以熱水汆燙，過冰水再瀝乾多餘水分。

取保鮮膜包緊後裝入保鮮袋，擠出多餘空氣封好保存。

▶推薦作法：煮火鍋

● 冷凍白菜可直接放進煮滾的火鍋高湯，再蓋上鍋蓋燜煮就完成了。

冷凍法③ 略炒後冷凍

稍微翻炒 → 以保鮮膜緊緊封好

白菜斜切片狀，倒入沙拉油拌炒，靜置至完全冷卻。

用保鮮膜包好後裝入保鮮袋，擠出多餘空氣，再封好袋口保存。

▶推薦作法：先炒後煮

● 取一鍋醬汁略煮滾，再將冷凍白菜下鍋拌炒，最後上蓋燜煮即可。

食材冷凍 技巧

萵苣

剩餘萵苣先揉鹽或
汆燙再冷凍起來。

冷凍法① 揉鹽冷凍

加鹽抓醃 → 以保鮮膜緊密封好

萵苣洗淨切小段加鹽抓揉，靜置片刻再瀝除多餘水分。

用保鮮膜包緊後裝入保鮮袋、擠出多餘空氣，壓緊開口保存。

▶推薦作法：涼拌
● 解凍後徹底擦乾水分，加點調味做成涼拌小菜。

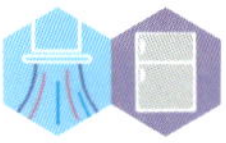

冷凍法② 汆燙冷凍

稍微燙熟 → 以保鮮膜封緊

將萵苣略切段後以熱水汆燙，再過冰水並瀝乾。

取保鮮膜包緊後裝入保鮮袋，擠出多餘空氣封好保存。

▶推薦作法：炒飯
● 熱油鍋，放入冷凍萵苣後上蓋燜至解凍，再加入其他配料與白飯拌炒即可。

memo

綠葉萵苣或生菜嫩葉（Baby leaf）可以冷凍保存嗎？

這類葉片較薄嫩的生菜若放冷凍容易使細胞受損，而且解凍後蔬菜的層次與軟嫩口感盡失，所以不建議冷凍保存。趁新鮮盡快食用才是最美味的吃法喔！

韭菜

無需水煮，
淋一下熱水即可。

冷凍法① 熱水淋熟後冷凍（切細丁）

淋上熱水 → 以保鮮膜緊密封好

將韭菜洗淨切細丁，淋熱水燙熟後過冰水，瀝乾備用。

用保鮮膜包緊後裝入保鮮袋、擠出多餘空氣，壓緊開口保存。

▶推薦作法：煎餃
● 將冷凍韭菜丁與絞肉拌勻，以餃子皮包成餃子。捏餃子亦同時解凍。

冷凍法② 熱水淋熟後冷凍（切段）

淋上熱水 → 以保鮮膜封緊

將韭菜切段，淋熱水燙熟後過冰水，瀝乾備用。

取保鮮膜包緊後裝入保鮮袋，擠出多餘空氣封好保存。

▶推薦作法：調味涼拌
● 從冷凍室取出後連保鮮袋一起浸泡熱水解凍加熱。微波也OK！

memo

韭菜可以直接冷凍嗎？

韭菜不宜生鮮冷凍。建議視料理種類切好韭菜，放入濾勺以熱水稍微汆燙後，再以保鮮膜和保鮮袋裝好冷凍保存。冷凍韭菜可運用在湯品或熱炒料理等，用途廣泛。

冷凍保鮮 2～3 週

洋蔥

可直接冷凍的洋蔥，
快炒5分鐘即可上桌！

冷凍法① 生鮮直接冷凍（切丁）

切成細丁 → 以保鮮膜緊密封好

將洋蔥去皮洗淨後擦乾切丁。

用保鮮膜包緊後裝入保鮮袋、擠出多餘空氣，壓緊開口保存。

▶推薦作法：炒洋蔥

●熱油鍋，放入冷凍洋蔥丁後上蓋燜至解凍，解凍後略炒5分鐘即可。

冷凍法② 微波後冷凍

微波加熱 → 以保鮮膜封緊

將洋蔥丁裝入耐熱容器，放微波加熱2分鐘。

取保鮮膜包緊後裝入保鮮袋，擠出多餘空氣封好保存。

▶推薦作法：漢堡排

●將冷凍洋蔥丁與絞肉等食材拌勻塑形即可，調理與解凍一次完成。

冷凍法③ 炒至焦糖色再冷凍

將洋蔥充分炒透 → 以保鮮膜緊緊封好

洋蔥切絲，熱鍋後與沙拉油翻炒至軟化且上色。

用保鮮膜包好後裝入保鮮袋，擠出多餘空氣，再封好袋口保存。

▶推薦作法：咖哩

●將冷凍洋蔥放入煮滾高湯內上蓋燜煮，最後放入咖哩塊拌勻即可。

綠蘆筍

汆燙前
記得先去除硬皮。

冷凍法① 汆燙冷凍

稍微燙熟 → 以保鮮膜封好

先以鹽水汆燙，過冰水後瀝乾水分，接著隨意切段。

取保鮮膜包緊後裝入保鮮袋，擠出多餘空氣封好保存。

▶推薦作法：涼拌

●冷凍蘆筍可直接連袋泡熱水解凍，要吃時瀝乾水分加上調味即可。

冷凍法② 略炒後冷凍

加入大蒜、辣椒翻炒 → 以保鮮膜緊緊封好

將蘆筍切成3～4等分，倒入沙拉油與大蒜等辛香料拌炒，靜置冷卻。

用保鮮膜包好後裝入保鮮袋，擠出多餘空氣，再封口保存。

▶推薦作法：熱炒料理

●以油熱鍋，放入冷凍蘆筍上蓋燜至解凍，再加入其他食材拌炒即可。

memo

蘆筍肉捲可以先冷凍保存再下鍋煎煮嗎？

若想做成蘆筍肉捲冷凍保存，請記得將蘆筍燙熟後瀝乾、加點調味料再以肉片捲起來固定後，一根根分別用保鮮膜包緊再裝袋冷凍。烹調前無需另行解凍，直接放入平底鍋煎熟就可以了。

食材冷凍 技巧

番茄・小番茄

冷凍番茄可用在湯品或製成茄汁醬。
冷凍小番茄則可加入醃料醃漬。

番茄 冷凍法③ 略炒後冷凍

加入大蒜拌炒 → 直接裝袋保存

將番茄洗淨切成約1cm塊狀，倒入沙拉油與大蒜拌炒後靜置冷卻。

裝進保鮮袋，壓出多餘空氣，封口保存。

▶推薦作法：做成茄汁醬

●取一鍋子倒油熱鍋，放入冷凍番茄上蓋燜煮，一邊煮至水分蒸散、湯汁收乾即可。

小番茄 冷凍法④
直接冷凍（整顆小番茄）

去蒂頭 → 直接裝入保鮮袋

小番茄洗淨擦乾水分，用手剝除蒂頭。

裝進保鮮袋後，擠出多餘空氣鋪平保存。

▶推薦作法：醃漬小番茄

●將冷凍小番茄直接泡水去皮，待番茄肉略軟時加入醃料醃漬入味。

memo

番茄帶皮冷凍，真的會比較好剝嗎？

將番茄整顆連皮一起放冷凍，皮會變得非常好剝。不必特地在底部劃十字、泡熱水再浸冰水，也可以輕鬆剝除不費力。只要將冷凍番茄整顆流水解凍，一下子就能把皮剝得乾淨溜溜！

番茄 冷凍法① 直接冷凍（整顆）

一顆顆包起來 → 裝入保鮮袋

番茄洗淨去蒂後擦乾水分，分別以保鮮膜包好。

裝進保鮮袋、擠出多餘空氣，壓緊開口後冷凍保存。

▶推薦作法：南法蔬菜雜燴

●其他蔬菜配料炒得差不多後，加入冷凍番茄上蓋燜煮，待解凍後繼續搗煮至湯汁收乾。

番茄 冷凍法② 直接冷凍（切塊）

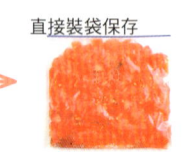

切小塊 → 直接裝袋保存

番茄洗淨去蒂擦乾後切成1cm小塊狀。

裝入保鮮袋，擠出多餘空氣，再封好袋口保存。

▶推薦作法：番茄湯

●將冷凍番茄直接放入煮沸湯鍋，上蓋燉煮即可。

memo

完熟番茄是冷凍的首選

當季盛產且已熟透的番茄，最適合冷凍保存。冷凍能讓番茄充分鎖住美味精華，解凍後再吃仍嚐得到新鮮原味。而未熟的番茄本身就沒什麼甜味，即使冷凍也無法為其增添風味。

冷凍保鮮 2～3 週

南瓜

切成適當大小冷凍備用
可輕鬆應付各種料理。

冷凍法① 微波後冷凍（一口大小）

微波加熱 → 以保鮮膜封緊

將南瓜洗淨切塊，微波加熱（100g 加熱 2 分鐘）。

取保鮮膜包緊後裝入保鮮袋，擠出多餘空氣封好保存。

▶推薦作法：燉煮料理
- 將冷凍南瓜塊放入煮滾高湯，上蓋燉煮就完成了。

冷凍法② 微波後冷凍（搗成泥）

壓成南瓜泥 → 直接裝袋

南瓜煮熟去皮，搗成泥後靜置放涼。

裝入保鮮袋，擠出多餘空氣封好保存。

▶推薦作法：南瓜沙拉
- 南瓜泥解凍後加入調味即可。微波加熱食用亦可。

冷凍法③ 香煎南瓜片

南瓜片煎熟 → 以保鮮膜緊緊封好

將南瓜洗淨切薄片，以沙拉油煎至上色後靜置待餘熱散去。

用保鮮膜包好後裝入保鮮袋，擠出多餘空氣，再封好袋口保存。

▶推薦作法：直接品嚐
- 將冷凍南瓜片整袋浸泡熱水解凍，瀝乾水分後依喜好調味即可。

小黃瓜

飽含水分的小黃瓜
正適合醃漬冷凍。

冷凍法① 揉鹽冷凍

加鹽抓醃 → 以保鮮膜緊密封好

小黃瓜洗淨切薄片加鹽抓揉，靜置一會後，瀝掉多餘水分。

用保鮮膜包緊後裝入保鮮袋、擠出多餘空氣，壓緊開口保存。

▶推薦作法：醋拌小黃瓜
- 解凍後徹底瀝乾水分，調味拌勻即可。

冷凍法② 略炒後冷凍

稍微拌炒 → 以保鮮膜緊緊封好

小黃瓜洗淨滾刀切塊，與芝麻油拌炒後放涼。

用保鮮膜包好後裝入保鮮袋，擠出多餘空氣，再封好袋口保存。

▶推薦作法：湯品
- 將冷凍小黃瓜加入煮滾湯鍋內，上鍋蓋燜煮即可。

冷凍法③ 泡醃汁入味冷凍

切小段 → 與醃汁裝入保鮮袋

小黃瓜清水洗淨，切除頭尾後擦乾水分，切成長約 2cm 小段。

將小黃瓜與醃汁一起裝進保鮮袋、擠出多餘空氣，壓緊開口後冷凍保存。

▶推薦作法：涼拌
- 取出解凍後瀝掉多餘水分，調味拌勻即可享用。

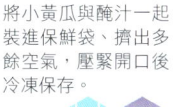

食材冷凍 技巧

苦瓜

集中處理並冷凍保存，用途廣泛。

冷凍法① 生鮮直接冷凍

去籽去內瓤 → 以保鮮膜封緊

苦瓜洗淨對剖，用湯匙挖掉籽與內瓤，由兩端切薄片。

取保鮮膜包緊後裝入保鮮袋，擠出多餘空氣封好保存。

▶推薦作法：苦瓜炒什錦
- 倒油熱鍋，將冷凍苦瓜片下鍋加蓋燜煮，加熱至解凍再放入其他配料拌炒。

冷凍法② 揉鹽冷凍

加鹽抓醃 → 以保鮮膜緊密封好

苦瓜洗淨切薄片加鹽揉勻，靜置入味後瀝乾水分。

用保鮮膜包緊後裝入保鮮袋、擠出多餘空氣，壓緊開口保存。

▶推薦作法：涼拌苦瓜
- 解凍後瀝掉多餘水分，加入調味涼拌即可。

冷凍法③ 甜鹹燉苦瓜

加入醬油、砂糖等煮入味 → 以保鮮膜緊緊封好

苦瓜洗淨切片加入醬油、味醂、砂糖等調味燉煮，完成後放涼。

用保鮮膜包好後裝入保鮮袋，擠出多餘空氣，再封好袋口保存。

▶推薦作法：直接食用
- 解凍即可直接吃。也可撒上柴魚片做成涼拌。

櫛瓜

視料理種類與用途切好冷凍備用，省時又方便。

冷凍法① 揉鹽冷凍

加鹽抓醃 → 以保鮮膜緊密封好

櫛瓜洗淨切薄片加鹽抓揉，靜置入味後再瀝掉多餘水分。

用保鮮膜包緊後裝入保鮮袋、擠出多餘空氣，壓緊開口保存。

▶推薦作法：醃漬櫛瓜
- 解凍後徹底瀝乾水分，加入調味拌勻即可。

冷凍法② 略煎後冷凍（切片）

略微煎炒 → 以保鮮膜緊緊封好

將櫛瓜洗淨切片，與沙拉油略煎後放涼。

用保鮮膜包好後裝入保鮮袋，擠出多餘空氣，再封好袋口保存。

▶推薦作法：南法蔬菜雜燴
- 將所需食材燉煮入味，最後再放入冷凍櫛瓜，上蓋燜煮即可。

冷凍法③ 略炒後冷凍（切塊）

稍微拌炒 → 以保鮮膜緊緊封好

櫛瓜洗淨切小塊，與沙拉油拌炒後靜置放涼。

用保鮮膜包好後裝入保鮮袋，壓出空氣封好袋口保存。

▶推薦作法：義式蔬菜湯
- 將冷凍櫛瓜加入煮滾湯鍋內，上鍋蓋燜煮即可上桌。

冷凍保鮮 2～3 週

玉米

不妨趁新鮮煮熟冷凍！

冷凍法① 滾水氽燙冷凍（切2cm塊狀）

切成2cm塊狀 → 平鋪裝入保鮮袋

玉米洗淨下鹽水煮熟，過冰水後瀝乾多餘水分，再切成塊狀（約2cm）。

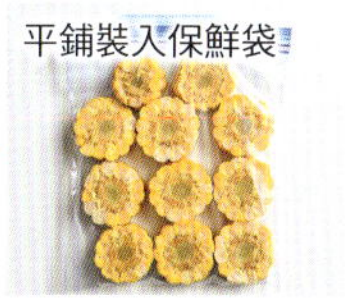

放進保鮮袋，維持平整勿疊放，壓出多餘空氣冷凍保存。

▶推薦作法：甜煎玉米
- 倒油熱鍋，放入冷凍玉米上蓋以中火燜煎即可。

冷凍法② 滾水氽燙冷凍（玉米粒）

切玉米粒 → 以保鮮膜封緊

玉米洗淨下鹽水煮熟，過冰水後瀝乾多餘水分，切下玉米粒。

取保鮮膜包緊後裝入保鮮袋，擠出多餘空氣封好保存。

▶推薦作法：玉米沙拉
- 玉米粒解凍後瀝乾水分，再拌入調味料做成沙拉。

冷凍法③ 略炒後冷凍

稍微拌炒 → 以保鮮膜緊緊封好

玉米洗淨以鹽水煮熟後切成粒，下鍋加入奶油拌炒並靜置放涼。

用保鮮膜包好後裝入保鮮袋，擠出多餘空氣，再封好袋口保存。

▶推薦作法：奶油玉米粒
- 解凍後就可以直接吃。也可微波加熱。

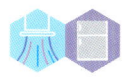

秋葵

加鹽搓滾去除表皮細毛，再氽燙冷凍！

冷凍法① 氽燙冷凍（整條）

輕搓鹽巴去毛 → 平鋪裝入保鮮袋

秋葵洗淨去蒂頭、加鹽搓滾後，熱水氽燙20～30秒。

將秋葵擺進保鮮袋，維持平整勿疊放，擠出多餘空氣再封好冷凍保存。

▶推薦作法：拌炒料理
- 取出後半解凍，切成適當大小下鍋拌炒。

冷凍法② 氽燙冷凍（切1cm小段）

切成1cm小段 → 直接裝入保鮮袋

秋葵洗淨加鹽搓滾後水煮，過冰水後瀝乾水分，再切成小段（約1cm）。

裝進保鮮袋，擠出多餘空氣再封好冷凍。

▶推薦作法：涼拌
- 解凍後瀝乾水分，加入調味拌勻即可。

冷凍法③ 氽燙冷凍（剁碎）

剁碎 → 以保鮮膜緊緊封好

秋葵洗淨加鹽水煮、切成1cm小段後，以菜刀剁碎。

用保鮮膜包好後裝入保鮮袋，擠出多餘空氣，再封好袋口保存。

▶推薦作法：佐蕎麥麵吃
- 取需要的量解凍後，盛於蕎麥麵做配料。

食材冷凍 技巧

青椒・甜椒

記得去籽、去芯再放冷凍，才能避免凍傷。

青椒 冷凍法① 汆燙冷凍

稍微燙熟 → 以保鮮膜封緊

青椒洗淨橫切成絲後以熱水汆燙，過冰水再瀝乾多餘水分。

取保鮮膜包緊後裝入保鮮袋，擠出多餘空氣封好保存。

▶推薦作法：涼拌
- 解凍後瀝除多餘水分，加入調味涼拌即可。

青椒 冷凍法② 略炒後冷凍

稍微拌炒 → 以保鮮膜緊緊封好

縱切細條狀，與沙拉油拌炒後靜置放涼。

用保鮮膜包好後裝入保鮮袋，壓出空氣封好袋口保存。

▶推薦作法：青椒肉絲
- 於炒好的牛肉加入冷凍青椒絲，上蓋燜煮待解凍再以中火炒熟即可。

彩椒 冷凍法③ 去皮冷凍

烤好後去皮 → 以保鮮膜緊緊封好

將青椒或甜椒洗淨烤至焦色，過冰水後剝皮，再隨意切塊。

用保鮮膜包好後裝入保鮮袋，擠出多餘空氣，再封好袋口保存。

▶推薦作法：醃漬甜椒
- 取出解凍後擦乾水分，加入醃料醃入味。

茄子

茄子含水量高，不妨煮熟後冷凍保存。

冷凍法① 煎至上色後冷凍

炒至覆上焦糖色 → 以保鮮膜緊緊封好

茄子洗淨切小片，與沙拉油煎至上色後，靜置放涼。

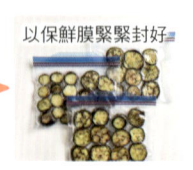

用保鮮膜包好後裝入保鮮袋，壓出空氣封好袋口保存。

▶推薦作法：咖哩
- 先熬煮其他食材，最後再將冷凍茄子下鍋，上蓋燜煮製成咖哩醬。

冷凍法② 半煎半炸後冷凍

倒油半煎半炸 → 以保鮮膜封緊

茄子縱剖成4～6塊下鍋，倒入沙拉油半煎半炸，完成後靜置待餘熱散去。

取保鮮膜包緊後裝入保鮮袋，擠出多餘空氣封好保存。

▶推薦作法：味噌湯
- 將冷凍茄子放入煮滾高湯內加蓋燜煮，做成味噌湯。

冷凍法③ 烤茄子

去皮 → 以保鮮膜緊緊封好

將茄子洗淨烤至呈深色，泡冰水後去皮，接著靜置放涼。

用保鮮膜包好後裝入保鮮袋，擠出多餘空氣，再封好袋口保存。

▶推薦作法：直接食用
- 解凍就可以吃。或者整袋浸熱水加熱。

136

冷凍保鮮 2～3 週

白花椰菜

白花椰菜容易變色，徹底瀝乾水分為上策！

冷凍法① 滾水汆燙冷凍（切小朵）

直接熱水汆燙 → **以保鮮膜封緊**

白花椰菜洗淨去硬皮切小朵，取一鍋滾水加醋，放入燙熟。接著過冰水、拭乾多餘水分。

取保鮮膜包緊後裝入保鮮袋，擠出多餘空氣封好保存。

▶推薦作法：熱炒花椰菜

● 以油熱鍋，放入冷凍花椰菜上鍋蓋燜至解凍，再以中火拌炒即可。

冷凍法② 水煮冷凍（搗碎）

搗成末 → **以保鮮膜緊緊封好**

煮熟的花椰菜以搗泥棒等器具搗成末，靜置待退溫。

用保鮮膜包好後裝入保鮮袋，壓出空氣封好袋口保存。

▶推薦作法：花椰菜濃湯

● 將冷凍花椰菜放入滾沸湯鍋上蓋燜煮，冷卻後放入果汁機打勻即可。

冷凍法③ 醃漬冷凍

加入醃汁入味 → **連同醃汁裝袋保存**

白花椰菜洗淨切小朵後煮熟，浸泡醃汁入味同時冷卻。

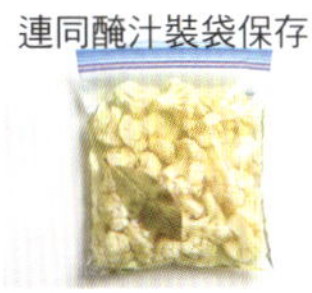

連汁帶料裝入保鮮袋、擠出多餘空氣，壓緊開口保存。

▶推薦作法：直接食用

● 解凍即可直接吃。用做沙拉配料也很加分。

綠花椰菜

建議先去硬皮切小朵趁新鮮汆燙冷凍保存。

冷凍法① 滾水汆燙冷凍（切小朵）

下鍋燙熟 → **以保鮮膜封緊**

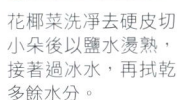

花椰菜洗淨去硬皮切小朵後以鹽水燙熟，接著過冰水，再拭乾多餘水分。

取保鮮膜包緊後裝入保鮮袋，擠出多餘空氣封好保存。

▶推薦作法：焗烤花椰菜

● 花椰菜取出解凍、擦乾水分，撒上起司烘烤即可。

冷凍法② 滾水汆燙冷凍（略切丁）

稍微切丁 → **以保鮮膜緊密封好**

花椰菜洗淨以鹽水汆燙，再略切成 0.3～0.4cm 細丁。

用保鮮膜包緊後裝入保鮮袋、擠出多餘空氣，壓緊開口保存。

▶推薦作法：花椰菜鮮蝦義大利麵

● 鮮蝦先炒好，再放進冷凍花椰菜上蓋燜煮。最後用中火略炒，加入麵條拌勻就完成了。

冷凍法③ 略炒後冷凍

加大蒜稍微拌炒 → **以保鮮膜緊緊封好**

花椰菜洗淨去皮去根切小朵後，以沙拉油、大蒜拌炒再靜置放涼。

用保鮮膜包好後裝入保鮮袋，壓出空氣封好袋口保存。

▶推薦作法：直接享用

● 冷凍花椰菜整袋直接泡熱水即可。微波加熱也OK！

食材冷凍 技巧

蕪菁・白蘿蔔

預先切好各種大小冷凍備用，就能省時又省力！

蕪菁 冷凍法① 滾水汆燙冷凍

直接熱水汆燙 → 以保鮮膜封緊

白蘿蔔切成半月形塊狀，放入滾水中燙熟。接著過冰水、擦乾多餘水分。

取保鮮膜包緊後裝入保鮮袋，擠出多餘空氣封好保存。

▶推薦作法：味噌湯

● 將冷凍白蘿蔔塊放入煮滾高湯內，蓋上鍋蓋繼續燉煮。

白蘿蔔 冷凍法② 滾水汆燙冷凍

直接熱水汆燙 → 以保鮮膜封緊

將白蘿蔔洗淨、去皮切成扇形片狀，放入滾水中燙熟。接著過冰水、拭乾多餘水分。

取保鮮膜包緊後裝入保鮮袋，擠出多餘空氣封好保存。

▶推薦作法：燉煮料理

● 冷凍白蘿蔔片加進去滾滷汁中燉煮，最後上鍋蓋燜煮至入味即可。

冷凍法③ 水煮冷凍（蘿蔔葉）

迅速燙熟 → 以保鮮膜緊緊封好

將蘿蔔葉洗淨下鹽水燙熟、過冰水並瀝乾，接著切成小段。

用保鮮膜包好後裝入保鮮袋，擠出空氣封好袋口保存。

▶推薦作法：熱炒料理

● 倒油熱鍋，將冷凍蘿蔔葉放入鍋中上蓋燜至解凍，再加入其他食材拌炒均勻即完成。

紅蘿蔔

事先汆燙冷凍保存，就能隨時派上用場！

冷凍法① 直接冷凍（切絲）

切成細絲 → 以保鮮膜緊密封好

洗淨後擦乾水分，去好皮再切成 4～5cm 長細絲。

用保鮮膜包緊後裝入保鮮袋、擠出多餘空氣，壓緊開口保存。

▶推薦作法：熱炒料理

● 熱油鍋，放入冷凍蘿蔔絲後上蓋燜至解凍，再加進其他配料與食材翻炒即完成。

冷凍法② 滾水汆燙冷凍

直接熱水汆燙 → 以保鮮膜封緊

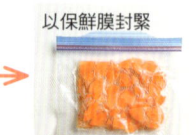

將紅蘿蔔洗淨、去皮切成扇形片狀，放入滾水中燙熟。接著過冰水、拭乾多餘水分。

取保鮮膜包緊後裝入保鮮袋，擠出多餘空氣封好保存。

▶推薦作法：濃湯

● 將所需食材燉煮入味，最後放入冷凍紅蘿蔔片，加上鍋蓋燜煮成濃湯。

冷凍法③ 糖漬紅蘿蔔

加入奶油、砂糖燉煮 → 以保鮮膜緊緊封好

將紅蘿蔔洗淨、去皮切棒狀，與奶油、砂糖一起煮入味，靜置待退溫。

用保鮮膜包好後裝入保鮮袋，壓出空氣封好袋口保存。

▶推薦作法：直接食用

● 將冷凍糖漬紅蘿蔔連袋一起浸泡熱水解凍。也可以微波直接吃。

冷凍保鮮 2～3 週

蓮藕

建議快速水煮、汆燙再冷凍存放。

冷凍法① 滾水汆燙冷凍

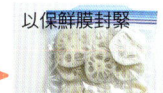

直接熱水汆燙 → 以保鮮膜封緊

蓮藕洗淨、去皮切圓片，取一鍋滾水加醋，放入牛蒡絲燙熟。接著過冰水、擦除多餘水分。

取保鮮膜包緊後裝入保鮮袋，擠出多餘空氣封好保存。

▶推薦作法：蓮藕沙拉

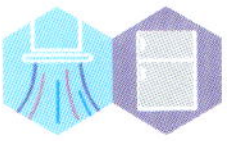

● 將蓮藕片解凍、擦除水分，再拌入調味即可。

冷凍法② 拌炒冷凍

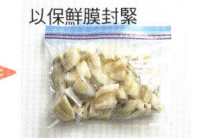

直接下鍋拌炒 → 以保鮮膜封緊

蓮藕洗淨、去皮滾刀切塊，與沙拉油拌炒後放至餘熱散去。

取保鮮膜包緊後裝入保鮮袋，擠出多餘空氣封好保存。

▶推薦作法：燉煮料理

● 將冷凍蓮藕塊放入煮滾湯汁中，蓋上鍋蓋烹煮至入味就完成了。

memo

蓮藕切片後先泡醋水再燙熟冷凍

蓮藕表面容易變黑，建議先泡醋水再燙煮，最後冷凍保存，就能讓蓮藕維持白亮又不失風味。也可於滾水中加入一點醋，再將蓮藕下鍋煮熟。冷凍保存時，同樣記得擦乾多餘水分再裝入保鮮袋鋪平放冷凍。

牛蒡

建議買回來一次集中處理好再冷凍保存。

冷凍法① 滾水汆燙冷凍（切絲）

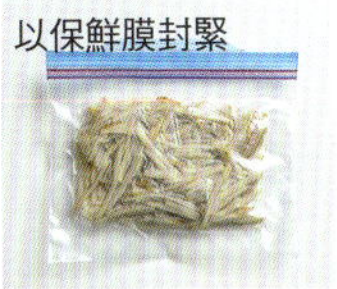

直接熱水汆燙 → 以保鮮膜封緊

牛蒡洗淨、去皮切細絲，取一鍋滾水加醋，放入牛蒡絲燙熟。接著過冰水、擦除多餘水分。

取保鮮膜包緊後裝入保鮮袋，擠出多餘空氣封好保存。

▶推薦作法：牛蒡沙拉

● 將牛蒡絲解凍、擦乾水分，加入調味做成沙拉。

冷凍法② 滾水汆燙冷凍（刨絲）

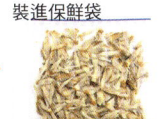

直接熱水汆燙 → 裝進保鮮袋

牛蒡洗淨、去皮刨絲，取一鍋滾水加醋，放入牛蒡絲燙熟。接著過冰水、擦乾多餘水分。

直接裝入保鮮袋，再擠出多餘空氣封好保存。

▶推薦作法：金平牛蒡（日式炒牛蒡）

● 倒油熱鍋，將冷凍牛蒡絲放入鍋中上蓋燜至解凍，再加入其他食材拌炒。

冷凍法③ 拌炒冷凍

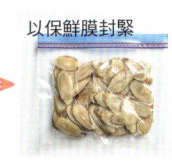

直接下鍋拌炒 → 以保鮮膜封緊

牛蒡洗淨、去皮斜切薄片，與沙拉油拌炒後，靜置放涼。

取保鮮膜包緊後裝入保鮮袋，擠出多餘空氣封好保存。

▶推薦作法：燉煮料理

● 冷凍牛蒡片放入煮滾湯汁中，蓋上鍋蓋煮至入味即可。

食材冷凍 技巧

四季豆・扁豆

買回來後請盡早
汆燙處理冷凍保存。

四季豆 冷凍法① 滾水汆燙冷凍（整支）

迅速燙熱 → 以保鮮膜封緊

四季豆洗淨去蒂頭，以鹽水汆燙再過冰水、瀝掉多餘水分。

取保鮮膜包緊後裝入保鮮袋，擠出多餘空氣封好保存。

▶推薦作法：涼拌
- 將四季豆解凍，切成適當大小、加入調味即可。

四季豆 冷凍法② 滾水汆燙冷凍（切丁）

切細丁 → 以保鮮膜包好

鹽水汆燙，再切成 0.5～0.6cm 寬的小丁。

取保鮮膜包緊後裝入保鮮袋，擠出空氣鋪平保存。

▶推薦作法：炒飯
- 先炒好其他用料，最後放入解凍四季豆細丁翻炒就能上桌。

扁豆 冷凍法③ 水煮冷凍

去蒂去筋 → 以保鮮膜封緊

扁豆洗淨先去蒂頭、撕邊筋，以鹽水燙熟後過冰水瀝乾。

取保鮮膜包緊後裝入保鮮袋，擠出多餘空氣封好保存。

▶推薦作法：熱炒料理
- 將冷凍扁豆下鍋，快炒至呈鮮亮光澤即可。

毛豆

不妨揉鹽調味
再汆燙冷凍。

冷凍法① 水煮冷凍（帶莢）

迅速燙熱 → 直接裝袋保存

帶莢毛豆洗淨搓鹽入味，下鍋燙熟再過冰水、瀝乾水分。

裝入保鮮袋，壓出空氣鋪平保存。

▶推薦作法：直接食用
- 取出解凍即可。也可整袋浸熱水解凍。

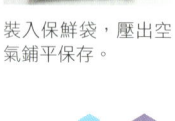

冷凍法② 水煮冷凍（豆粒）

去豆莢、去薄膜 → 以保鮮膜封緊

毛豆煮熟，將外殼去掉並剝除薄膜。

取保鮮膜包緊後裝入保鮮袋，擠出空氣封好保存。

▶推薦作法：熱炒料理
- 以油熱鍋，將冷凍毛豆粒倒入鍋內，上蓋燜至解凍後再加入其他配料拌炒。

冷凍法③ 拌炒冷凍

加入大蒜拌炒 → 直接裝入保鮮袋

沙拉油熱鍋，將水煮毛豆與大蒜拌炒，完成後靜置放涼。

裝進保鮮袋，擠出多餘空氣封好保存。

▶推薦作法：直接享用
- 解凍就能直接吃。整袋放入熱水解凍也可以。

140

冷凍保鮮 2～3 週

青豆

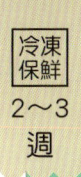

去外殼後，煮熟冷凍。

冷凍法① 滾水汆燙冷凍

迅速燙熟 → 直接裝袋保存

青豆去外殼，以鹽水汆燙後，整鍋靜置放涼。

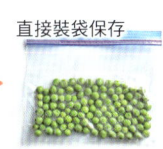

瀝乾水分後裝入保鮮袋，擠出多餘空氣封好保存。

▶ 推薦作法：沙拉

● 青豆解凍拌入調味即可。也可以整袋浸泡熱水解凍。

冷凍法② 熱炒後冷凍

下鍋拌炒 → 以保鮮膜包好

去外殼後直接下鍋加沙拉油拌炒，炒好後放涼。

取保鮮膜包緊後裝入保鮮袋，擠出空氣鋪平保存。

▶ 推薦作法：熱炒料理

● 倒油熱鍋後放入冷凍青豆，上蓋燜煮至解凍再加入其他用料翻炒即可。

冷凍法③ 高湯燉煮再冷凍

下高湯煮入味 → 連湯帶料一起裝袋

青豆洗淨去外殼後，放入高湯鍋內熬煮，再連高湯一起靜置，待餘溫散去。

將湯汁與青豆一起裝入保鮮袋，擠出多餘空氣、壓緊開口後冷凍保存。

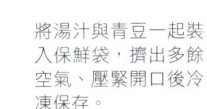

▶ 推薦作法：青豆炊飯

● 將解凍青豆與湯汁、白米、水、鹽放進電鍋炊煮熟即可。

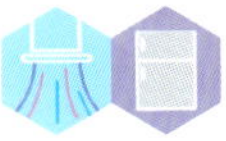

蠶豆

先汆燙再冷凍，留住蠶豆的營養與風味。

冷凍法① 水煮冷凍（帶皮）

迅速燙熟 → 以保鮮膜包好

剝除豆莢，下鍋燙熟後再過冰水、瀝乾水分。

取保鮮膜包緊後裝入保鮮袋，擠出空氣鋪平保存。

▶ 推薦作法：直接食用

● 取出解凍就可以吃。也可整袋浸熱水解凍。

冷凍法② 水煮冷凍（豆泥）

壓成豆泥 → 以保鮮膜封緊

蠶豆洗淨以鹽水煮熟，去掉外膜搗成泥再靜置放涼。

取保鮮膜包緊後裝入保鮮袋，擠出多餘空氣封好保存。

▶ 推薦作法：做成抹醬

● 蠶豆泥解凍後與奶油起司、鹽和胡椒拌勻就完成了。

memo

蠶豆首重新鮮度！

蠶豆不耐放，維生素C等營養素也容易隨時間流失，建議一買回來就盡快去膜、下水汆燙，燙熟後過冰水並瀝乾冷凍保存。

食材冷凍 技巧

地瓜

汆燙去澀再冷凍。

冷凍法① 滾水汆燙冷凍（切片）

下鍋燙5分鐘 → 以保鮮膜封緊

將地瓜洗淨、切片，水煮5分鐘後過篩濾水，靜置放涼。

取保鮮膜包緊後裝入保鮮袋，擠出多餘空氣封好保存。

▶推薦作法：地瓜天婦羅
- 地瓜解凍後擦乾水分，裹上麵衣下鍋油炸即可。

冷凍法② 水煮後冷凍（壓成泥）

搗成地瓜泥 → 直接裝袋保存

將煮熟的地瓜以搗泥棒等器具搗成泥，靜置待退溫。

將地瓜泥裝入保鮮袋，擠出空氣後鋪平保存。

▶推薦作法：奶油蜜糖地瓜
- 將冷凍地瓜泡熱水解凍，趁留有餘熱時均勻拌入奶油、砂糖。

冷凍法③ 煮地瓜

調味燉煮 → 以保鮮膜包好

地瓜洗淨、切片後放入鍋內，以砂糖、醬油、味醂等調味燉煮。

保鮮膜包緊後裝入保鮮袋，擠出空氣鋪平保存。

▶推薦作法：直接食用
- 解凍就可以馬上品嚐。將整袋冷凍地瓜片浸泡熱水亦可。

馬鈴薯

勿直接丟進冷凍庫！
煮熟壓成泥才是最佳保存方式。

冷凍法① 滾水汆燙冷凍（切小塊）

下鍋燙5分鐘 → 以保鮮膜封緊

馬鈴薯洗淨、去皮切小塊，水煮5分鐘後過篩濾水，再靜置放涼。

取保鮮膜包緊後裝入保鮮袋，擠出多餘空氣封好保存。

▶推薦作法：燉煮料理
- 將冷凍馬鈴薯塊放進煮滾湯汁，上蓋燜煮燉熟。

冷凍法② 水煮後冷凍（壓成泥）

搗成馬鈴薯泥 → 直接裝袋保存

將煮熟的馬鈴薯以搗泥棒等器具搗成泥，靜置待餘熱散去。

將馬鈴薯泥裝入保鮮袋，擠出空氣後，鋪平保存。

▶推薦作法：馬鈴薯沙拉
- 馬鈴薯泥解凍、拌勻，再加上調味即可開動。

冷凍法③ 油炸後冷凍

下鍋油炸 → 以保鮮膜緊緊封好

馬鈴薯洗淨、去皮切半月形塊狀，以油溫170℃下鍋油炸再靜置放涼。

用保鮮膜包好後裝入保鮮袋，壓出空氣封好袋口保存。

▶推薦作法：直接食用
- 將冷凍薯條整袋浸入熱水解凍就可以吃了。放小烤箱烘烤也OK。

142

芋頭

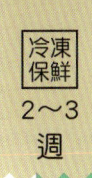

清洗前先以滾水燙過，去除澀味與黏液再冷凍。

冷凍法① 水煮5分再冷凍（整顆）

芋頭去皮後水煮5分鐘，過篩瀝水，再靜置放涼。

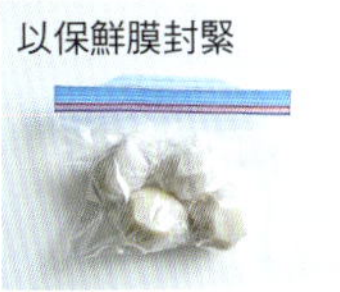

取保鮮膜包緊後裝入保鮮袋，擠出多餘空氣封好保存。

▶推薦作法：燉煮料理
- 將冷凍芋頭放進煮滾湯汁，上蓋熬煮至入味。

冷凍法② 滾水汆燙冷凍（半月形）

下鍋汆燙後充分冷卻，再切成半月形的塊狀。

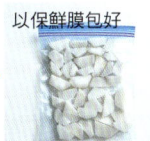

取保鮮膜包緊後裝入保鮮袋，擠出空氣鋪平保存。

▶推薦作法：熱炒料理
- 以油熱鍋，將冷凍芋頭塊下鍋，蓋上鍋蓋燜至解凍，再放入其他配料拌炒就完成了。

冷凍法③ 煮芋頭

芋頭去皮後放入鍋內，以砂糖、醬油、味醂等調味燉煮，再靜置放涼。

將食材與湯汁一起裝入保鮮袋，擠出空氣鋪平保存。

▶推薦作法：直接享用
- 解凍就可以馬上吃。

山藥

切片或搗碎後冷凍保存。

冷凍法① 直接冷凍（切片）

清洗後擦乾表面水分，去皮並切成長度4～5cm薄片。

將山藥切片裝入保鮮袋，壓出空氣鋪平存。

▶推薦作法：涼拌
- 山藥解凍後擦乾水分，加入調味料即可。

冷凍法② 直接冷凍（搗碎）

清水洗淨後擦乾表面水分，去皮裝入塑膠袋，再以桿麵棍搗碎。

將山藥碎泥裝入保鮮袋，壓出空氣後鋪平保存。

▶推薦作法：鮪魚拌山藥
- 山藥泥解凍後與其他食材一起裝盤即可輕鬆上桌！

冷凍法③ 稍微煎一下再冷凍

山藥去皮切片，下鍋以沙拉油略煎再靜置放涼。

以保鮮膜包好，裝入保鮮袋，擠出多餘空氣後封住開口。

▶推薦作法：燉煮料理
- 將冷凍山藥切片放入煮滾湯汁，加上鍋蓋熬煮入味。

食材冷凍 技巧

薑

依用量預先分裝再冷凍保存。

冷凍法① 直接冷凍（整塊）

每塊分別以保鮮膜包好 → 直接裝袋保存

薑洗淨後擦乾，分別以保鮮膜包緊。

將包好的薑裝入保鮮袋，擠出空氣後鋪平保存。

▶推薦作法：辛香料
● 解凍（未解凍亦可）作辛香料提味用。

冷凍法② 直接冷凍（切絲）

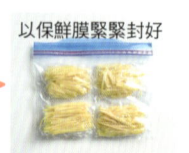

切薑絲 → 以保鮮膜緊緊封好

洗淨後擦乾水分去外皮，切成長度約 3～4cm 的細絲。

用保鮮膜包好後裝入保鮮袋，壓出空氣封好袋口保存。

▶推薦作法：熱炒料理
● 以油熱鍋，放入冷凍薑絲上鍋蓋燜至解凍，再放入其他食材翻炒。

冷凍法③ 直接冷凍（薑泥）

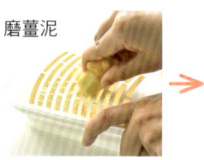

磨薑泥 → 以保鮮膜包好

洗淨後擦掉多餘水分、去外皮，以磨泥器磨成泥。

取保鮮膜包緊後裝入保鮮袋，擠出空氣壓緊開口保存。

▶推薦作法：薑汁
● 解凍後榨成薑汁即可。

大蒜

可直接放冷凍！先切成適合大小，日後更方便。

冷凍法① 直接冷凍（整瓣）

剝除蒜皮 → 直接裝袋保存

大蒜剝瓣、去皮、切除根。

將處理好的蒜瓣裝入保鮮袋，壓出空氣鋪平保存。

▶推薦作法：蒜煎嫩雞
● 將大蒜解凍、壓碎成末，再與油一起熱鍋，放入雞肉煎熟即完成。

冷凍法② 生鮮直接冷凍（切片）

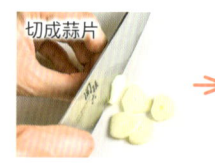

切成蒜片 → 以保鮮膜封緊

將去皮蒜頭切薄片，以竹籤等挑除蒜芽的部分。

以保鮮膜包好，裝入保鮮袋，擠出多餘空氣後封住開口。

▶推薦作法：橄欖香蒜辣椒義大利麵
● 將油與冷凍蒜片熱鍋後，放入其他配料與義大利麵拌炒即可。

memo

為何要去除蒜芽呢？

大蒜綠芽容易燒焦，因此處理大蒜時一般都會把綠芽去掉。另一個原因是，蒜芽經拌炒往往會產生苦澀味，所以必須事先去除。

冷凍保鮮 2～3 週

紫蘇・蘘荷・巴西里　　　長蔥・青蔥

切成適當大小冷凍保存超方便！

買回來後可依烹調方式，運用不同切法再冷凍起來。

紫蘇 冷凍法① 直接冷凍（切末）

切末 → 直接裝袋保存

清水洗淨、擦乾多餘水分，切去莖部後集中切細末。

裝入保鮮袋，壓出空氣鋪平保存。

▶推薦作法：調味用

●解凍即可使用。也可不解凍直接應用在熱炒料理。

蘘荷 冷凍法② 直接冷凍（切絲）

切成薄片 → 直接裝袋保存

水洗後擦乾，縱剖後切絲。

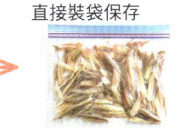

切絲後裝入保鮮袋，擠出空氣鋪平冷凍。

▶推薦作法：調味用

●取出解凍即可。不解凍直接放入熱湯也OK。

巴西里 冷凍法③ 直接冷凍（整株）

擦乾多餘水分 → 直接裝袋保存

洗淨後瀝乾，再用廚房紙巾拭乾多餘的水分。

裝進保鮮袋，壓出多餘空氣鋪平冷凍。

▶推薦作法：點綴料理

●解凍即可運用在料理裝飾上。將冷凍巴西里切碎成末亦可。

長蔥 冷凍法① 直接冷凍（切段）

切段 → 直接裝袋保存

清水洗淨後擦乾，切成長約 3～4cm 的蔥段。

切好的蔥段裝入保鮮袋，壓出空氣鋪平保存。

▶推薦作法：炭烤串燒

●冷凍蔥段置於烤網烤至退冰，再以竹籤串成串燒烘烤。

長蔥 冷凍法② 直接冷凍（切片）

切成薄片 → 以保鮮膜封緊

洗淨後擦乾多餘水分，去根部後，切成薄片。

以保鮮膜包好，裝入保鮮袋，擠出多餘空氣後封住開口。

▶推薦作法：調味用

●解凍即可。也可不解凍直接加入湯品提味。

青蔥 冷凍法③ 直接冷凍（蔥花）

切成蔥花 → 直接裝袋保存

洗淨後擦乾水分，去掉根部並切成蔥花。

將蔥花裝進保鮮袋，擠出空氣鋪平冷凍。

▶推薦作法：調味用

●取出解凍即可。不解凍直接放入湯品亦可。

食材冷凍 技巧

菇類

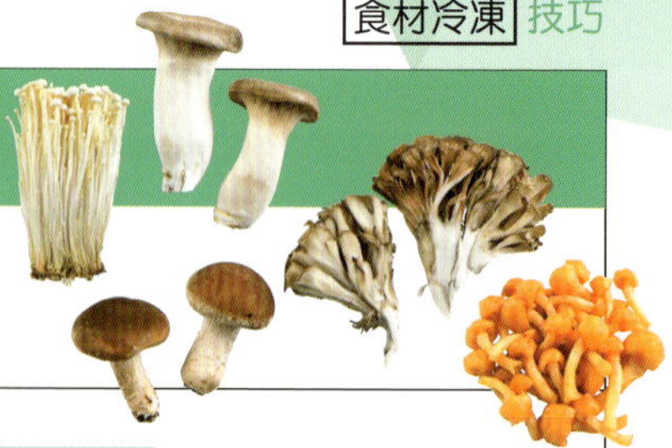

香菇、杏鮑菇、舞菇、滑菇、金針菇……，
每種菇類都有專屬的冷凍技巧。

舞菇 冷凍法④ 直接冷凍（剝小朵）

剝成小朵 → 直接裝袋保存

洗淨後切除較硬根部，再手撕或剝成小朵。

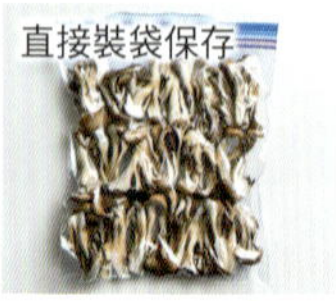

裝入保鮮袋，壓出空氣鋪平保存。

▶推薦作法：舞菇天婦羅
● 冷凍（或先解凍）舞菇裹粉油炸即可。

香菇 冷凍法① 直接冷凍（整朵）

去根部 → 直接裝袋保存

切去蒂頭較硬處，或整塊蒂頭切除。

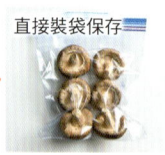

切好裝入保鮮袋，壓出空氣鋪平保存。

▶推薦作法：烤香菇
● 冷凍香菇傘帽朝上置於烤網烘烤即完成。

滑菇 冷凍法⑤ 直接冷凍（整袋）

連同包裝冷凍 → 直接裝袋保存

包裝不用拆掉直接冷凍。真空包裝亦同。

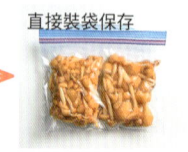

將外包裝原封不動裝進保鮮袋，壓出多餘空氣後冷凍。

▶推薦作法：味噌湯
● 冷凍舞菇可直接放入煮滾高湯上蓋燜煮，最後拌入味噌即可。

香菇 冷凍法② 直接冷凍（切片）

切片 → 以保鮮膜封緊

洗淨去蒂頭後，將傘帽切成厚度約 2～3mm 薄片。

以保鮮膜包好，裝入保鮮袋，擠出多餘空氣後封住開口。

▶推薦作法：熱炒料理
● 倒油熱鍋，將冷凍香菇下鍋，蓋上鍋蓋燜至解凍，再與其他配料翻炒。

金針菇 冷凍法⑥ 水煮冷凍

稍微燙熟 → 以保鮮膜包好保存

切去根部後剝散，下鍋燙熟、過冷水並擦乾多餘水分。

以保鮮膜包好，裝入保鮮袋，壓出多餘空氣後鋪平保存。

▶推薦作法：涼拌
● 金針菇解凍後加入調味涼拌。也可連袋直接泡熱水解凍。

杏鮑菇 冷凍法③ 水煮冷凍

切薄片 → 直接裝袋保存

杏鮑菇洗淨切片，下鍋燙熟後過冷水並擦乾水分。

裝入保鮮袋，擠出多餘空氣後封好袋口保存。

▶推薦作法：涼拌
● 解凍後加入調味涼拌。連袋直接泡熱水解凍也可以。

146

Column 5

水果的冷凍技巧

一次購入大量當季水果,更要知道如何聰明保存。
水果解凍後容易因食物細胞損壞失去原有風味,這時不妨做成冷凍水果、
果醬或糖漬,可將保存時間延長為 2～3 週,而且一樣好吃喔!

冷凍水果

讓人一吃就愛上的絕佳口感
將水果充分洗淨、去皮,再以紙巾擦乾後裝入密封袋保存。冷凍直接吃就很可口,與甜點也是絕配!

清水洗淨後擦乾水分
洗淨後為避免結霜,務必擦掉多餘水分再冷凍。

直接裝入保鮮袋
裝袋後擠出多餘空氣,鋪平保存。

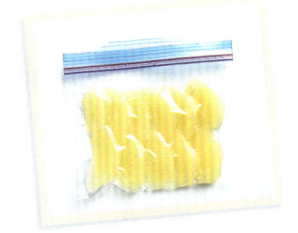

柑橘類水果建議先剝去薄膜
柑橘類水果可先去除外層薄膜再冷凍,風味更佳。

果醬

一次做好再冷凍保存
將水果與高甜度的砂糖、蜂蜜熬煮入味後冷凍,就能大幅延長保鮮期。

將草莓與砂糖、檸檬汁熬製成果醬。

蘋果削皮切塊後加入砂糖、蜂蜜熬煮入味。

蜜漬水果

加入蜂蜜或糖漿做成糖漬水果
無需下鍋熬煮,以蜂蜜或糖漿醃漬就能有效避免水果氧化變質。

香蕉切片後加入蜂蜜,裝袋冷凍。

奇異果可淋上糖漿再冷凍保存。

Column 6

可以冷凍保存的還有這些！
各種食品的 冷凍技巧

除了前面介紹的各種食材冷凍術，還有很多食品其實也能冷凍保存。從澱粉類主食到香草、調味料、零食、蛋糕等，都能冷凍！接下來就為各位介紹多種食品冷凍技巧！

白飯・米・麻糬年糕

一次煮太多的白飯、吃不完的年糕，或一大袋的米都可以冷凍保存。要吃時可直接烹調免解凍步驟。

白飯靜置放涼後，取保鮮膜包好保存

於碗盤鋪上一層保鮮膜，放上白飯後待餘溫散去。

小心別壓扁米粒、輕輕將白飯鋪平，再以保鮮膜包覆起來。

裝袋後擠出多餘空氣封緊，冷凍保存可達3週。

memo
白飯務必放涼再冷凍

白飯還留有餘溫時，請勿直接包起來冷凍。這樣會導致冷凍庫溫度上升，不只白飯，其他食材也會跟著劣化變質。

白米可分裝成小袋冷凍

將白米裝袋，壓出多餘空氣後冷凍。保存期可達一個月。

麻糬年糕類就用保鮮膜包好冷凍

每塊均單獨以保鮮膜緊緊包好。

裝進保鮮袋鋪平冷凍，可保存一個月。

memo
年糕若剛做好不久，建議撒層粉再冷凍

建議在冷凍前於表面先撒點糯米粉或太白粉，再以保鮮膜包好裝袋保存。要吃時無需解凍，烘烤燉煮皆宜。

麵包・穀麥脆片

將麵包冷凍能留住美味的鬆軟口感。其他像穀麥脆片、麵包粉等，可冷凍保存達一個月。料理時無需解凍，可直接烹調。

每塊麵包分別以保鮮膜包好裝袋
法國麵包、吐司要單獨包好裝袋。亦可用保鮮膜捆三層取代保鮮袋。

麵包粉、麵包丁可直接裝入保鮮袋冷凍
怕受潮的麵包粉、麵包丁就以保鮮袋裝好，鋪平冷凍。

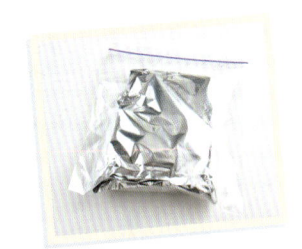

穀麥片類可連原包裝直接裝進保鮮袋
若已拆封請先封緊開口，再裝入保鮮袋冷凍。

memo
藉由冷凍保存輕鬆完成手作點心

不妨將麵包塗層果醬、鋪點起司，再以鋁箔紙包好冷凍，就是一道美味點心。要吃時不用解凍，直接連鋁箔紙放進烤箱烘烤 5～10 分鐘，就可以開動了！

烏龍麵・蕎麥麵・麵線

烏龍麵、拆封過的麵線等，可冷凍保存達一個月。蕎麥麵則可保存 2 至 3 週。麵條類都可直接下鍋免解凍。

烏龍麵可直接裝袋冷凍
市售的烏龍麵、蕎麥麵條都可以連包裝直接裝進保鮮袋冷凍。

純蕎麥麵請依單人分量用保鮮膜包好冷凍
純蕎麥麵或手打烏龍麵可分別用保鮮膜包緊，再裝入保鮮袋鋪平冷凍。

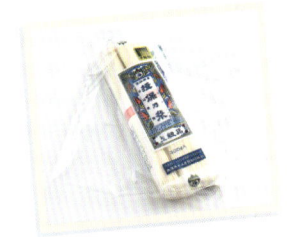

麵線（乾燥）可直接連同外包裝裝進保鮮袋
若已拆封請先封緊開口，再裝入保鮮袋冷凍。

memo
乾燥麵條不用水煮，直接冷凍就 OK！

將純蕎麥麵或手打烏龍麵等麵類先煮熟再冷凍，感覺好像比較方便，其實這樣是錯的！水煮後麵條會吸飽水分，解凍後吃起來會乾巴巴的、口感大打折扣，因此直接冷凍即可。

Column 6

義大利麵・中式油麵

將義大利麵、中式油麵冷凍保存，隨時要吃都很方便。不需解凍就能直接下鍋煮，是最佳的消夜良伴！

乾燥義大利麵條先滾水汆燙再冷凍，放 1～2 個月也不成問題
建議水煮後拌入橄欖油、鹽與胡椒，裝進保鮮袋保存。

生義大利麵建議以 100g 分裝冷凍
將麵條分裝成小份，以保鮮膜包緊再裝入保鮮袋鋪平冷凍。可保存 2～3 週。

中式油麵也先以保鮮膜包好，再放入保鮮袋
依照每餐份量以保鮮膜包好，再裝入保鮮袋冷凍。可保存一個月左右。

memo

義大利麵可先調味再冷凍
義大利麵或通心粉可先滾水汆燙，再以醬汁、鹽、胡椒等調味料入味後裝袋冷凍。只要微波加熱就可以吃，當消夜或帶便當也很合適。

水餃皮・春捲皮

容易剩下、很難剛好用完的水餃皮、春捲皮等食材，若保存得當，放至一個月都沒問題。

將餃子皮與保鮮膜相互交疊包好
將餃子皮與保鮮膜一片片交錯重疊，緊密包好。

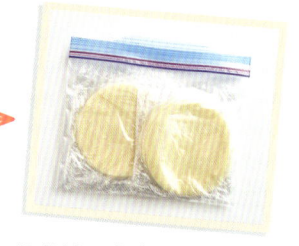

裝袋鋪平冷凍
包好後裝入保鮮袋鋪平冷凍。

春捲皮也比照同樣方式，用保鮮膜包好再放入保鮮袋
春捲皮同樣一張張與保鮮膜交互重疊，包好後再裝入保鮮袋，擠出空氣冷凍保存。

memo

解凍時用多少拿多少
採用餅皮與保鮮膜交錯的包法，日後就能依用量輕鬆取出解凍，相當方便。放冷藏解凍也不影響口感，還能輕鬆著手烹調。

麵粉・太白粉

容易發霉、沾附氣味的粉狀食品，建議冷凍保存。裝入保鮮袋後封緊袋口冷凍，可保存長達一個月。

將麵粉包裝袋口封緊
若已開封，請將袋口封起來、封條壓緊。

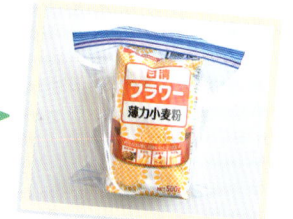

裝袋鋪平冷凍
將麵粉整包放進保鮮袋，壓出空氣鋪平冷凍。

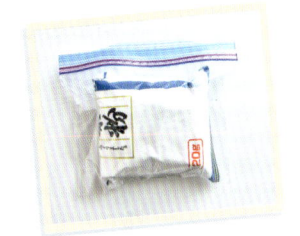

太白粉同樣封緊開口，再裝進保鮮袋冷凍
用到一半的太白粉也請將袋口封起來，裝進冷凍用保鮮袋再冷凍。

memo
粉狀食品冷凍依然乾爽不結塊

冷凍庫屬乾燥空間，將麵粉或太白粉放冷凍保存也不會變硬結塊、一樣鬆爽，料理時更無需解凍，直接從冷凍室取出就能使用，非常便利。

堅果・芝麻

堅果、芝麻等食物油脂含量多，容易氧化且不耐放，因此適合冷凍，還可保存達 6 個月。

依單次用量（約 10 顆）分別以保鮮膜包好
堅果類每 10 顆以保鮮膜包緊，再分裝成小份。

裝袋鋪平冷凍
將小包裝的堅果放進保鮮袋，擠出多餘空氣冷凍保存即可。

芝麻同樣先以保鮮膜包成小份，再裝進保鮮袋冷凍
芝麻分別取一大匙（約 15g）的量以保鮮膜包好分裝，再放進保鮮袋壓平冷凍。

memo
冷凍堅果、芝麻類都可以直接取出使用

這類食物脂肪含量高、水分少，不易結凍，就算冷凍也可以直接取出食用。建議買回來後盡速冷凍，能有效延長堅果、芝麻的保鮮期。

Column 6

柴魚・魚乾・海帶・海苔

怕潮濕的乾貨最適合冷凍保存。海苔可冷凍保存4～5個月；至於其他食材放2～3個月也不成問題。使用時就依用量取用，冷凍狀態下均可直接烹調。

開封後的柴魚就放入保鮮袋冷凍
已經拆開的柴魚片容易變質，請直接裝入保鮮袋，壓緊開口冷凍。

魚乾等食材也可直接裝袋冷凍保存
魚乾容易從內臟開始變質，建議冷凍為佳。同樣裝入保鮮袋後鋪平冷凍保存。

海帶先輕拭表面汙垢再裝袋放冷凍
拿一條擰乾的小毛巾，稍微擦去海帶表面髒汙後切成適當大小，裝進保鮮袋冷凍保存。

海苔用保鮮膜&保鮮袋一起包好冷凍
海苔易受潮軟化，建議採冷凍保存。以保鮮膜緊密包覆再裝袋冷凍。

memo 不妨運用乾燥食品不易結凍的特性冷凍保存

像柴魚、海帶等本身幾乎不含水分的乾貨，因不易結凍，更適合放冷凍保存。也不需要另外解凍，取出就能馬上烹調，省時又方便。

海帶芽・海帶根・水雲

海帶芽、海帶根、水雲等冷凍可保存2～3週。預先處理好食材再冷凍，以便隨時取用。

海帶芽泡開後以保鮮膜包好裝袋冷凍
將海帶芽切成適當大小、包成小份，再裝進保鮮袋保存。

海帶根裝袋鋪平冷凍保存
海帶根可直接裝入保鮮袋，鋪平保存。先用保鮮膜包好再裝袋亦可。

水雲要先沖水去鹽再冷凍
鹽漬水雲沖水去鹽後，依用量分別取保鮮膜包緊，再裝入保鮮袋保存。

memo 海藻類食材建議分裝小袋冷凍保存

鹽漬海藻先沖水去鹽並分成小袋，再裝進保鮮袋鋪平冷凍，要用時就會很方便。想吃多少拿多少，還能省略解凍步驟，直接下鍋烹調。

辛香料・香草・調味料

冷凍庫的低溫能抑制辛香料與香草的氧化情形。再加上不易結冰的特性，取出就能馬上使用。

瓶裝香料可直接冷凍保存
已開封的小瓶裝香料只要蓋緊瓶口冷凍保存，可延長保鮮期至長達6個月。

香草類請以保鮮膜包好裝袋保存
建議擦乾多餘水分後冷凍，可保存2～3週。解凍可採冰水解凍法。

味噌請封緊封口再裝入保鮮袋
已拆封使用過的味噌先將開口封好，裝入保鮮袋後擠出多餘空氣冷凍。可保存約2個月。

咖哩塊同樣也以保鮮膜包緊後，再裝袋冷凍
用不完的咖哩塊冷凍保存可放一個月。

memo
羅勒可先做成青醬再冷凍
若手邊有足夠的羅勒葉，不妨做成青醬再裝袋鋪平冷凍。也可採瓶裝方式，拴緊蓋子後冷凍保存。

綠茶・咖啡・紅茶

容易飄散香氣的綠茶、咖啡和紅茶，非常適合冷凍保存，茶葉香氣與咖啡香甚至能維持半年至一年。

已開封茶葉就封緊袋口保存
若包裝已拆封，就把袋中多餘空氣擠出來並封緊，再裝進保鮮袋保存。

咖啡以每次飲用量分裝小包
可將咖啡豆或研磨咖啡粉依每回用量分別以保鮮膜包好，裝入保鮮袋冷凍。

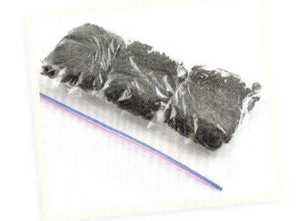

紅茶茶葉一樣用保鮮膜搭配保鮮袋保存
茶香是紅茶的精髓。可依飲用量分裝小包，用保鮮膜包緊再裝袋保存。

memo
若是瓶罐裝且未開封，可以放冷凍嗎？
視情況而定，不過一般來說，由於冷凍環境溫度低，能延緩化學反應產生，因此罐裝或瓶裝的全新食材放冷凍還是比常溫理想，能讓食物保鮮期更長。

Column 6

大福・羊羹・蜂蜜蛋糕

這類日式甜點稍微放著就容易乾硬。盡快冷凍保存，不只能維持濕潤口感，還可保存約一個月。

大福就用保鮮膜一顆顆包好裝入保鮮袋
外層撒點太白粉，再分別用保鮮膜包緊，裝入保鮮袋保存。

羊羹切小塊，每塊都用保鮮膜包好裝袋保存
吃不完的羊羹可切成小塊，再以保鮮膜包好裝袋冷凍起來。

蜂蜜蛋糕也可用保鮮膜與保鮮袋加以保存
趁蛋糕乾掉前，用保鮮膜將每一塊都緊密包好，裝袋放冷凍。

memo

日式甜點放常溫解凍一樣美味

日式點心基本上均可放常溫退冰。尤其是大福，冷藏會變硬，建議直接常溫解凍。羊羹的保鮮膜可先不用拆直到完全解凍。蜂蜜蛋糕可試試微波解凍，一樣鬆軟可口。

餅乾・仙貝

容易因濕氣軟化的餅乾或仙貝，還是冷凍保存為佳。如果量很多，不妨全部集中一起冷凍。

整袋或整盒裝的餅乾，就用保鮮膜一塊塊包好
單包裝的餅乾可直接冷凍，否則建議以保鮮膜一塊塊包起來。

裝入保鮮袋壓平冷凍
將包好的餅乾平放裝入保鮮袋，擠出多餘空氣冷凍保存即可。

趁仙貝未受潮，不妨以同樣方式冷凍保存
仙貝同樣以保鮮膜單獨包好，再放進保鮮袋壓平冷凍。

memo

務必以保鮮膜包好，避免吸附異味

餅乾容易吸附其他氣味，最好先以保鮮膜包緊，再裝進保鮮袋或保鮮盒保存。冷凍後可直接放常溫解凍，若有點受潮，可用紙巾包覆放微波爐加熱。

蛋糕・甜塔

買了整塊蛋糕或甜塔，原以為吃得完卻還是經常剩下。只要用點小技巧，就能保存達一個月。

先取下甜點上的新鮮水果
水果不適合直接冷凍，所以務必先將上面的水果取下，再以保鮮膜包好裝袋冷凍。

每塊單獨以保鮮膜包緊
用保鮮膜將蛋糕緊密包覆，再裝入保鮮袋冷凍。

卡士達醬解凍後請盡速吃完
含卡士達醬的甜點雖可用上述方式冷凍，解凍後還是要盡快食用完畢。

memo
容易吃剩的大蛋糕也可以冷凍保存

大塊蛋糕如果有剩，請將水果另外取下，再將本體切成小塊、分別以保鮮膜包好，最後裝進保鮮袋或容器冷凍保存。要吃時只需要放冷藏解凍，風味不變。

磅蛋糕・鬆餅・可麗餅

一次做好磅蛋糕、鬆餅、可麗餅再統一冷凍保存，隨時都可以取出使用，還可保存至一個月。

磅蛋糕就用保鮮膜與保鮮袋加以保存
切成單塊包好裝袋。解凍可放冷藏。

鬆餅也以保鮮膜包好並裝袋冷凍
烤好後靜置放涼，再一片片用保鮮膜封好、裝袋冷凍。從冷凍室取出後直接微波加熱即可。

可麗餅皮建議與保鮮膜交錯疊放並包緊，再裝袋鋪平冷凍
先將餅皮一片片與保鮮膜交互重疊，再整個包起來。解凍可採冷藏解凍。

memo
餅皮先裹醬捲起再冷凍，就是冰凍法式可麗餅

在餅皮上塗層果醬、鮮奶油或巧克力醬捲起來，再用保鮮膜包好裝袋冷凍。要用時放冷藏解凍即可。如果想吃美味的冰凍法式可麗餅，從冷凍室取出就可以享用！

Column 7

冷凍室類型與收納技巧

想要聰明冷凍，就要先了解冷凍室的基本構造。冷凍室的外觀功能等雖因品牌機型而定，大致仍可分為「開門式」與「抽屜式」兩大類型。掌握各類型的特點，就能巧妙應用在日常的冷凍保存中！

開門式冷凍室

冷氣容易逸散，務必減少開關次數、盡量維持關閉狀態。

「開門式」冷凍室幾乎都設置於冷藏室上方，而冷空氣具有由上往下流動的特性，所以只要一開門，冷氣就容易全部逸散出來。因此要採用拿取時可以更快速準確的收納方式。另外，門邊隔欄空間溫度變化大，請避免收納食物，可改放保冷劑等物品。基本原則就是：須長期保存的食品，往裡面一點放；必須盡快食用的食材，則建議往前端放。

抽屜式冷凍室

具有冷氣沉滯的特性。還是要留意別讓抽屜一直開著。

「抽屜式」冷凍室則通常設在冰箱正中間或最下方，因此就算拉開冷凍室，冷空氣也不容易散出，相較之下，抽屜式冷凍室具有穩定控溫的優點。不過，一拉開就放著不關也是造成這類冷凍室溫度上升的原因，建議採取拉開俯瞰便一目了然的收納方式，畢竟上下疊放收納只會讓人花更多時間翻找，也會增加冷凍室開開關關的次數。盡可能使用直立收納，是好拿易取的不二法門！

聰明收納讓美味延續！冷凍室收納術！

無論「開門式」還是「抽屜式」冷凍室，
都建議採用清楚明瞭、一次就能找到東西的收納方式。
這麼做不但輕鬆省事，還能避免冷凍室溫度上上下下，
引發食物變質腐壞等問題，更可以讓食物愈冰愈美味喔！

1 依食材分門別類，分區收納

冷凍室收納的要領就在於「讓人一眼就能找到」，所以按食材類別做好區隔非常重要。若能依照食材類別或按照「生鮮未處理」、「已調理完成」等分類方式，日後要取用或烹調都能隨心所欲！

2 採直立式收納

「直立收納」是冷凍保存的大原則。不妨將食材裝入保鮮袋後鋪平，並平放冷凍，待結凍後再立起來收納就可以了。另外也建議放入小隔籃或書架輔助，就能讓裝著食物的保鮮袋維持站立不倒塌，輕鬆搞定冷凍收納。

3 貼上標籤，清楚標示內容物

你常忘記自己塞了什麼東西在冰箱裡嗎？不妨在冷凍前，先將內容物與日期清楚寫在紙膠帶或標籤貼紙上，再貼於保鮮袋或保鮮容器。另外，經常清點冷凍室內容物，有助於避免食材的浪費！

4 盡量將冷凍室填滿

冷藏庫放太多東西反而會使溫度上升，但冷凍庫剛好相反。冷凍室若太空，開關門時外部的熱空氣就更容易竄入，造成溫度驟升。適度填滿冷凍室可以避免上述情況、維持一定溫度，也能防止食材劣化變質。

index

◆四季豆
鮮蔬雞腿捲……38

◆青龍椒（糯米椒）
香烤沙丁魚……70

◆生薑
生薑醬油漬雞腿肉……38
味噌優格醬醃里肌……42
雞絞肉棒……50
芝麻味酥漬沙丁魚……70
優格漬坦都里嫩雞腿……100

◆櫛瓜
番茄燉雞胸肉……40
香烤竹筴魚……68

◆白蘿蔔
蘿蔔泥漬牡蠣……78

◆洋蔥・迷你洋蔥
香料牛肉炒蘆筍……48
番茄馬鈴薯燉肉……48
番茄綜合絞肉……52
香烤竹筴魚……68
義大利香醋煎旗魚排……72
鷹嘴豆番茄湯……96
優格漬坦都里嫩雞腿……100
蔬菜番茄泥……118
茄汁高麗菜捲……118
鹽漬什錦蔬菜……122

◆青江菜
雞肉丸冬粉湯……50

◆豆苗
微波雞肉丸……50

◆番茄・番茄醬・番茄汁・番茄罐頭
番茄燉雞胸肉……40
清爽沙拉雞肉……48
番茄馬鈴薯燉肉……52
番茄綜合絞肉……52
茄子秋葵乾咖哩……68
義式水煮魚……96
鷹嘴豆番茄湯……118
蔬菜番茄泥……

◆茄子
茄子秋葵乾咖哩……52

◆牡蠣
蘿蔔泥漬牡蠣……78

◆旗魚
蒜漬旗魚……72

◆鮭魚・煙燻鮭魚
柚子醋醬醃鮭魚……74
煙燻鮭魚冷麵……122

◆白肉魚
義式薄切冷盤……120

蔬菜・蔬菜加工品

◆紫蘇
和風山葵牛排丼……46
蛋黃拌飯……102

◆秋葵
番茄馬鈴薯燉肉……48
茄子秋葵乾咖哩……52
麵露漬雙蔬……124

◆蘿蔔苗
和風山葵牛排丼……46
香鮭柚庵燒……74

◆南瓜
雞翅湯咖哩……100

◆高麗菜
高麗菜豬肉炒麵……44
茄汁高麗菜捲……118
鹽漬什錦蔬菜……122

◆小黃瓜
鹽漬什錦蔬菜……122

◆蘆筍
香料牛肉炒蘆筍……48
雞翅湯咖哩……100
麵味露漬雙蔬……124

肉類・加工肉品

◆牛肉
奶油醃牛排肉……46
香料醃肉絲……48
青蔬牛肉捲……124

◆豬肉
味噌優格醬醃里肌……42
中式醬醃豬肉絲……44

◆雞肉
生薑醬油漬雞腿肉……38
香草醃雞胸肉……40
優格漬坦都里翅小腿……100
香煎雞腿佐鹽漬蔬菜……122

◆絞肉
雞絞肉棒……50
番茄綜合絞肉……52
味噌雞肉餅……102
茄汁高麗菜捲……118

◆火腿
彩椒起司沙拉……120

◆培根
鷹嘴豆番茄湯……96
香濃茄汁義大利麵……118

海鮮・海鮮加工品

◆蛤蜊
義式水煮魚……68

◆竹筴魚
地中海風青醬竹筴魚……68

◆花枝
咖哩美乃滋醃花枝……76

◆沙丁魚
芝麻味酥漬沙丁魚……70

158

水果類・水果加工品

◆黑橄欖
.... 68

◆椰奶
花枝椰奶咖哩湯 76

◆柚子・酸橙
柚子醋醬醃鮭魚 74

◆檸檬汁
檸檬橄欖甜漬彩椒 120

堅果類

◆芝麻・芝麻粉
芝麻味酥漬沙丁魚 70
蛋黃拌飯 102
涼拌雙蔬 124

香草類

香草醃雞胸肉 40
綜合辛香沙拉 96
彩椒起司沙拉 120

主食・麵粉類

◆烏龍麵
豆皮烏龍 98

◆白飯
和風山葵牛排丼 46
茄子秋葵乾咖哩 52
牡蠣炊飯 78
豆皮壽司 98
蛋黃拌飯 102

◆炒麵用麵條
高麗菜豬肉炒麵 44

◆義大利麵
香濃茄汁義大利麵 118
煙燻鮭魚冷麵 122

◆香菇
雞肉丸冬粉湯 50

◆鴻禧菇
鮮菇蒸鮭魚 74
花枝椰奶咖哩湯 76
牡蠣炊飯 78

薯類

◆馬鈴薯
番茄馬鈴薯燉肉 48

蛋類

味噌漬蛋黃 102

乳製品

◆起司
綜合辛香料沙拉 96
彩椒起司沙拉 120

◆優格
優格漬坦都里嫩雞腿 100
味噌優格醬醃里肌 42

豆類・豆製品

◆油豆腐皮
牡蠣炊飯 78
甜漬油豆腐皮 98

◆豆腐
牡蠣雪見鍋 78

◆冬粉
雞肉丸冬粉湯 50

◆鷹嘴豆
油漬鷹嘴豆 96

◆長蔥
中式醬醃豬肉絲 44
雞絞肉棒 50
酥炸沙丁魚丸 70
牡蠣雪見鍋 78
豆皮烏龍 98
味噌雞肉餅 102

◆韭菜
豆芽酒菜豬肉湯 44
奶油咖哩醬炒花枝 76

◆紅蘿蔔
鮮蔬雞腿捲 38
香烤竹筴魚 68
鮮菇蒸鮭魚 74

◆大蒜
煎牛排 46
香料醃肉絲 48
番茄綜合絞肉 52
蒜漬旗魚 72
鷹嘴豆番茄湯 96
優格漬坦都里嫩雞腿 110
蔬菜番茄泥 118

◆白菜
微波雞肉丸 50

◆甜椒
花枝椰奶咖哩湯 76
雞翅湯咖哩 100
檸檬橄欖甜漬彩椒 120

◆水芹・水菜・鴨兒芹
和風山葵牛排丼 46
牡蠣雪見鍋 78
牡蠣炊飯 78

◆蘘荷
和風山葵牛排丼 46

◆豆芽菜
豆芽韭菜豬肉湯 44
奶油咖哩醬炒花枝 76

菇類

◆金針菇
鮮菇蒸鮭魚 74

台灣廣廈 國際出版集團
Taiwan Mansion International Group

國家圖書館出版品預行編目（CIP）資料

正確保鮮！預調理美味家常菜【暢銷修訂版】：1次準備1週菜，天天速上桌！學會對的冷凍、解凍技巧，留住營養，食材更好吃/朝日新聞出版作.
-- 二版. -- 新北市：臺灣廣廈有聲圖書有限公司, 2024.11
160面；17×23公分
ISBN 978-986-130-639-1(平裝)
1.CST: 食品保存 2.CST: 冷凍食品 3.CST: 食譜

427.74　　　　　　　　　　　　　　　　　　　113013736

台灣廣廈

正確保鮮！預調理美味家常菜【暢銷修訂版】
1次準備1週菜，天天速上桌！學會對的冷凍、解凍技巧、留住營養，食材更好吃

作　　　者／朝日新聞出版	編輯中心執行副總編／蔡沐晨
監　　　修／鈴木徹	編輯／陳宜鈴
料理示範／牛尾理惠	封面設計／林珈仔・內頁排版／菩薩蠻數位文化有限公司
翻　　　譯／林妍蓁	製版・印刷・裝訂／東豪・弼聖・秉成

行企研發中心總監／陳冠蒨　　線上學習中心總監／陳冠蒨
媒體公關組／陳柔彣　　　　　數位營運組／顏佑婷
綜合業務組／何欣穎　　　　　企製開發組／江季珊、張哲剛

發　行　人／江媛珍
法律顧問／第一國際法律事務所 余淑杏律師・北辰著作權事務所 蕭雄淋律師
出　　　版／台灣廣廈
發　　　行／台灣廣廈有聲圖書有限公司
　　　　　　地址：新北市235中和區中山路二段359巷7號2樓
　　　　　　電話：(886)2-2225-5777・傳真：(886)2-2225-8052

代理印務・全球總經銷／知遠文化事業有限公司
　　　　　　地址：新北市222深坑區北深路三段155巷25號5樓
　　　　　　電話：(886)2-2664-8800・傳真：(886)2-2664-8801
郵政劃撥／劃撥帳號：18836722
　　　　　　劃撥戶名：知遠文化事業有限公司（※單次購書金額未達1000元，請另付70元郵資。）

■出版日期：2024年11月
ISBN：978-986-130-639-1　　　版權所有，未經同意不得重製、轉載、翻印。

"KAITO TEKU GA OISHISA NO KOTSU! REITO HOZON RECIPE BOOK"
supervised by Toru Suzuki, demonstrated by Rie Ushio
Copyright © 2017 Asahi Shimbun Publications Inc.
All rights reserved.
Original Japanese edition published by Asahi Shimbun Publications Inc
This Traditional Chinese edition published by arrangement with
Asahi Shimbun Publications Inc., Tokyo through Keio Cultural Enterprise Co., Ltd., New Taipei City.